新编畜禽饲养员培训教程系列丛书

新编猪饲养员培训教程

◎ 王宗海　主编

中国农业科学技术出版社

图书在版编目（CIP）数据

新编猪饲养员培训教程 / 王宗海主编 . —北京：中国农业科学技术出版社，2017.8

ISBN 978-7-5116-3193-0

Ⅰ.①新… Ⅱ.①李… Ⅲ.①猪—饲养管理—技术培训—教材 Ⅳ.① S828

中国版本图书馆 CIP 数据核字（2017）第 181574 号

责任编辑　张国锋
责任校对　马广洋

出 版 者　中国农业科学技术出版社
　　　　　北京市中关村南大街 12 号　邮编：100081
电　　话　（010）82106636（编辑室）（010）82109702（发行部）
　　　　　（010）82109709（读者服务部）
传　　真　（010）82106631
网　　址　http://www.castp.cn
经 销 者　各地新华书店
印 刷 者　北京富泰印刷有限责任公司
开　　本　880mm×1 230mm　1/32
印　　张　8
字　　数　230 千字
版　　次　2017 年 8 月第 1 版　2017 年 8 月第 1 次印刷
定　　价　29.00 元

编写人员名单

主　　编　王宗海

副 主 编　闫益波　解植询

编写人员　李连任　李　童　李长强　卢冠滔

　　　　　闫益波　庄桂玉　侯和菊　庄须新

　　　　　王宗海　解植询

前言

进入21世纪，畜禽养殖业集约化程度越来越高，设施越来越先进，饲料营养水平越来越科学。通过多年不断从国外引进种畜禽良种和选育、扩繁、推广，我国主要种畜禽遗传性能得到显著改善。但是，因饲养管理和疫病问题而导致优良畜禽良种生产潜力得不到充分发挥，养殖效益滑坡甚至亏损的情形常有发生。因此，对处在生产一线的饲养员的要求越来越高。

但是，一般的畜禽场，即使是比较先进的大型养殖场，因为防疫等方面的需要，多处在比较偏僻的地段，交通不太方便，对饲养员的外出也有一定限制，生活枯燥、寂寞；加上饲养员工作环境相对比较脏，劳动强度大，年轻人、高学历的人不太愿意从事这个行业，因此，从事畜禽饲养员工作的以中年人居多，且流动性大，专业素质相对较低。因此，从实用性和可操作性出发，用通俗的语言，编写一本技术先进实用、操作简单可行，适合基层饲养员学习和掌握的教材，是畜禽养殖从业者的共同心声。

正是基于这种考虑，我们组织了农科院专家学者、职业院校教授和常年工作在畜禽生产一线的技术服务人员，共同编写了《新编畜禽饲养员培训教程系列丛书》。丛书从各种畜禽饲养员的岗位职责和素质要求入手，介绍了现代畜禽生产过程中品种与繁殖利用，营养与饲料，饲养管理，疾病综合防制措施等方面的新理念、新技术、新方法。每章都给读者设计了知识目标和技能要求；在为培训人员设置的技能训练项目中，提出了具体的目的要求、训练条件、操作方法和考核标准；为饲养员设计了思考与练习题目，方便培训时使用。

本丛书可作为基层养殖场培训饲养员的专用教材或中小型养殖场、各类养殖专业合作社工作人员及农村养殖专业户自学使用，亦可供农业大中专院校相关专业师生参考阅读。

由于作者水平有限，书中难免存在纰缪。对书中不妥、错误之处，恳请广大读者不吝指正。

编　者

2017 年 5 月

目　录

第一章　猪饲养员岗位职责与素质要求

1. 熟悉猪饲养员各工作岗位的具体职责。
2. 了解猪饲养员的素质要求。
3. 掌握常用单位及换算方法。
4. 能简单地识别健康猪和病猪。

技能要求

掌握猪的体温测量、腹腔注射和口服给药、肌内注射和静脉注射等技能操作。

第一节　猪饲养员的岗位职责

一、分娩猪（产仔母猪）饲养员岗位职责

1. 遵章守法，遵守场内一切规章制度
2. 检查产前准备是否充分

（1）栏舍　先用清水冲洗，干燥后选择恰当的消毒药进行 1~3

1

次消毒，每次消毒前确保栏舍干燥，进猪前 1 天开窗通风换气。饮水系统用专用水管清洁剂浸泡消毒，同时将饮水器拆下浸泡消毒清洗。

（2）药品　宫炎净、0.1% 高锰酸钾水、0.9% 氯化钠，10% 葡萄糖等。

（3）用具　保温灯、饲料车、扫帚、水盆、水桶等清洗消毒后放入舍内备用，准备好消毒过的干燥麻袋、毛巾、垫板等。

（4）母猪　临产前 1 周上产床，上产床前使用碘威消毒，驱除体外寄生虫 1 次，至分娩舍按预产期先后依次排列，产前用 0.1% 高锰酸钾消毒水清洗母猪的外阴、乳房及腿臀部位。

3. 做好分娩护理工作

① 仔猪出生后，立即用抹布将其口鼻黏液清除、擦净，将猪体抹干，在离脐带根部 3~4 厘米处断脐，断脐时必须用线绑扎，断端用 2% 碘酊消毒，密斯陀粉干燥。干燥后立即让仔猪吃上初乳，保持箱内温度 30~35℃。

② 做好仔猪补铁和保健。新生仔猪要在 24 小时内肌内注射右旋糖酐铁溶液、含硒生血素、铁钴针注射液等预防贫血，同时进行剪牙、断尾工作，为减少感染风险，可注射头孢噻呋等。

③ 发现假死猪及时抢救，将其前后躯以肺部为轴向内侧并拢、放开反复数次，频率为 20 次 / 分钟，或抓紧仔猪后肢倒提，拍其背臀数次帮助其恢复呼吸。

④ 产中补能，产后消炎，缓解母猪疲劳和预防母猪产后"三联症"的出现：静脉输液，补充能量（葡萄糖）、水、维生素 C、B 族维生素、黄芪多糖等。

⑤ 产后检查胎衣是否全部排出，如胎衣不下或胎衣不全，按照人工授精的操作方式灌注宫炎净。

4. 勤检查，早处理

① 检查是否经常出现子宫内膜炎或流脓的现象。有子宫内膜炎或流脓的母猪，按照人工授精的方式灌注宫炎净，使用抗生素治疗感染。

② 检查哺乳中的母猪料槽内的饲料量。没有剩余的饲料时说明饲喂量不足，尤其是料槽光亮时说明严重缺乏，料剩的多说明饲喂过

剩或疾病、酷暑、饲料变质等引起采食量减少。及早发现问题，及早解决问题。

③ 检查分娩猪舍内母猪用料槽位置是否偏低偏高，严防哺乳仔猪摄食而引起消化不良和感染疾病。

④ 检查分娩架，母猪臀部所处位置是否有平行的横杆（防止后蹲）。严防阴部受伤或后蹲而引起细菌感染，炎热夏季，后部撒布密斯陀粉等降低子宫炎的发生率。

⑤ 检查哺乳中的乳猪体重是否均匀，如不均匀应及时分析原因及时处理。若因补料不恰当则研究如何改进；若因母猪的产乳能力降低，则考虑母猪年老、体况、感染、厌食等因素；若仔猪有腹泻现象则分析腹泻的原因；若由代养仔猪引起则评估代养风险性；若因母猪产次过高则综合评估母猪是否淘汰。

⑥ 检查哺乳仔猪的健康状态。健康的仔猪有活力、毛密集、皮肤呈现粉红色，触摸时感觉有弹性；严重腹泻的仔猪和饥饿状态的仔猪常在母猪周围或在母猪腹部上面入睡，所以应给予特殊的照顾；哺乳仔猪集聚在一起说明舍内温度较低；饮水器的高度、水压是否合理直接影响着断奶体重。

5. 坚守岗位，不许串舍，积极参加场内各种义务劳动

二、保育猪（断奶仔猪）饲养员岗位职责

1. 遵章守法，遵守场内一切规章制度

2. 分群饲养

仔猪从产床转到保育舍时，必须按大小、强弱、公母分群饲养，混群时必须看好，防止打架咬伤、致死。

头胎仔猪单独饲喂。最好能将头胎仔猪和其他胎次仔猪分开饲养，第 1 胎仔猪需要更多呵护。

3. 检查猪舍温湿度是否合适

体重、周龄不同所需的温度也不同，保育舍温度最好控制在 22~26℃。猪舍温度不够时仔猪皮毛粗糙，喜欢挤在一起，有可能发生日增重下降、软便、腹泻、呼吸器官等疾病，可通过使用密斯陀粉等降低湿度，同时使仔猪感到温暖舒适。

4．检查料槽内是否积有饲料

乳仔猪的饲喂，应勤添少加（每天饲喂 4~6 餐），保持新鲜度增加摄取量，积饲料也可能是采食量降低，应及早发现原因。

5．检查膝关节、肘关节是否有浮肿现象

仔猪初生时断尾、断脐带、注射铁剂等以及消毒是否完全，如果疾病压力较大，建议使用头孢噻呋等抗生素，可以有效地降低感染风险；或者建议使用创可贴包扎受创部位。

6．检查是否有特殊的药物处理设施，最好的投药方法是饮水投药

通过饮水投药器和水箱投药能够有效地预防和治疗疾病，特别是炎夏或者断奶期，可以添加抗应激和助消化的药物。

7．做好五个过渡

仔猪断奶转到高床饲养时，做好猪圈、断乳、饲料成分、饲料量、饲喂次数等五个过渡，一周内不改变饲料与比例。开始时饲料要少喂勤添，防止仔猪暴饮、暴食引起下痢。

8．认真观察

认真观察仔猪表现，发现病猪，放入独立单栏内，并及时通知兽医人员进行治疗。

9．协助兽医人员做好各种免疫注射工作

10．保持舍内外环境卫生，及时进行定期大消毒

11．坚守岗位，不许串舍，积极参加场内各种义务劳动

三、空怀、妊娠母猪饲养员岗位责任制

1．遵章守法，遵守场内一切规章制度

2．限料

母猪从产床转到空怀母猪舍时一定限料，每天挤乳 3 次，连续2~3 天，防止母猪发生乳房炎。

3．做好空怀母猪的发情鉴定

做好母猪发情鉴定，与配种员通力合作，不使一头母猪漏配。

4．搞好妊娠管理

（1）分群饲养　母猪群养时，按大小强弱分群饲养，先清粪后喂猪，一天至少 2 次。一定要训练猪"三定位"，即定点排粪、定点撒

尿、定点睡觉；饲料撒在墙边处，使母猪同时都能吃到料，杜绝以强凌弱现象。

（2）保持良好膘情 母猪根据膘情增加与减少饲料给量，按"高－低－高"饲养方式。母猪产前膘头达到八九成膘。

（3）地板光滑度保持适中 过分光滑时腿部容易受伤，过分粗糙，对蹄部损害很大。

（4）区别攻胎 产次少，但体躯大、重量大，说明后备猪及妊娠阶段管理不善，应及时调整饲喂系统，特别是一胎与二胎以上母猪要区别攻胎，特别攻胎时间要区别对待。

（5）检查采食行为和躯体起卧状态 健康的母猪采食和起卧时姿势较稳，而不健康的母猪恰相反。母猪一般侧卧或四肢分开趴卧。

（6）做好配种后18~65天内的重复发情检查工作 每月做一次妊娠诊断。在正常情况下，配种后21天左右不再发情的母猪即可确定妊娠。其表现为：贪睡、食欲旺、易上膘、皮毛光、性温驯、行动稳、阴门下裂缝向上缩成一条线等。

（7）重点关注怀孕前期和后期的饲养管理与护理 加强湿度控制，饲料转换平衡过渡，适当补充青料或使用大黄苏打散等防止便秘。尽量减少各种应激，增加猪只受胎率，防止流产。

（8）消毒和免疫 观察到有鼻出血和流鼻涕，说明患有呼吸道等疾病，及早做好保健和疫苗免疫接种，种猪场需做好灰尘和氨气的监控，通风不好要雾化消毒降尘。

5.坚守岗位，不许串舍，积极参加场内各种义务劳动

四、种公猪饲养员岗位职责

1.遵章守法，遵守场内一切规章制度

2.预防种公猪过肥

种公猪过肥不仅降低性欲也降低了运动性。使用公猪每天查情，既锻炼体魄又及早查出返情母猪，节约饲料。

3.检查种公猪使用次数是否合理

种公猪每周2次，预防过度使用或近亲交配。

4.坚守岗位，不许串舍，积极参加场内各种义务劳动

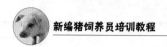

五、生长育肥猪饲养员岗位职责

1. 遵章守法，遵守场内一切规章制度

2. 空栏与消毒

猪转入之前，空栏不少于 3 天，在此期间，栏舍必须彻底清洗消毒，饮水管用水管清洁剂浸泡消毒，同时将饮水器拆下浸泡消毒清洗。消毒前确保栏舍干燥，每次消毒时必须以喷湿地面和栏舍为准。

3. 做好准备

检查猪栏设备及饮水器是否正常，不能正常运作的设备应及时通知维修人员进行维护。

提前半天准备好饲料、药物等物资。自由采食，少喂勤添，每日投料 2~3 次，每天空料槽 1 小时，并保证充足的清洁饮水。

4. 控制好栏舍的饲养条件

生长舍最适宜温度为 18~22℃，每栋生长舍挂多个温度计，经常观察温度变化；栏舍要通风，空气要流通，减少空气中有害气体的浓度；养殖密度为体重 15~30 千克，0.8~1.0 米^2/头；体重 30~60 千克，1.0~1.5 米^2/头；体重 60~90 千克，1.5~2.0 米^2/头。

5. 抓好各项管理

调教猪群，让猪只养成 3 点（吃喝、睡觉、排泄）定位的习惯；饲料转换要逐渐过渡，过渡期以 5 天为宜，新料比例每天按 1/5 递增；每天清粪 4 次，上下午各 2 次，保持干净，每 3 天更换 1 次门口消毒池中的消毒液，每周带猪喷雾消毒 1~2 次；注意观察猪群的健康状况，包括排便情况、吃料情况、呼吸情况，发现病猪及时隔离护理与治疗，病情严重或病因不明的要及时上报。

6. 坚持"全进全出"的饲养制度

7. 熟悉各种药物的作用与用途、适应症及禁忌，有选择性的用药

8. 坚守岗位，不许串舍，积极参加场内各种义务劳动

六、配种员岗位责任制

① 遵章守法，遵守场内一切规章制度。

② 每天清晨与傍晚亲自到断奶母猪舍观察母猪，及时发现发情

母猪，不漏配一头母猪。

③ 保持公猪旺盛性欲，均衡使用公猪，防止公猪过肥或过瘦，每日刷拭两次。

④ 保持采精室、精液检查室环境卫生，及时消毒各种用具，采精与输精工具摆放整齐。

⑤ 人工输精时，彻底消毒母猪阴部，缓慢将精液输入阴道内，防止精液倒流。

⑥ 记好采精、输精各种记录，为今后选种选配打下基础。

⑦ 除配种员外，其他人员不许进入采精室与精液检查室。

⑧ 坚守岗位，不许串舍，积极参加场内各种义务劳动。

七、饲料调制员岗位责任制

① 遵章守法，遵守场内一切规章制度。

② 按饲料配方准确配制全价饲料。

③ 各类饲料（含预混料、浓缩料）必须搅拌均匀，在搅拌机内混拌 4~6 分钟。

④ 配制成全价料后准确称重装袋，按人、按日、按猪群做好饲料发放记录及收领人的签名。饲料袋注明猪群舍别，做到专舍专用。

⑤ 保持库内外环境卫生，饲料排放整齐。保管好饲料，不喂发霉饲料，定期加入脱霉剂。

⑥ 平时做好机械的保养、维修、保证人身安全。

⑦ 做好防火、防盗，消灭老鼠。

⑧ 坚守岗位，不许串舍，积极参加场内各种义务劳动。

总之，饲养员是生产第一线员工，能最早发现猪场异常情况并采取措施，猪场只有向外学习技术和管理，向内练习内功，增加饲养员的技能培训，建立完善岗位职责制度并有相应的奖惩激励，充分调动饲养员的积极性，使其把简单的重复性工作做到极致，就能获得最大的成功。

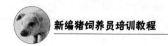

第二节 猪饲养员的素质要求

一、思想素质

1. 要有"以场为家"的思想

今天工作不努力，明天努力找工作。

2. 态度方面

不是要求每个人业务水平都很高，但是工作态度决定一切，业务水平再高如果没有正确的工作态度，也不可能把工作干好。

3. 要遵守场规

不以规矩，无以成方圆。要遵守场区的各项制度，特别是卫生消毒、请假等制度。

二、业务素质

一名合格的饲养员要有基本的业务知识，如果一点业务知识都没有，光凭一腔热情也是干不好工作的。允许不会，但是不允许不学，要干一行爱一行，爱一行钻研一行，这样才能成为这一行的行家里手。

第三节 猪饲养员应具备的基本技能

一、猪体温的测量方法

通常是采用测量猪直肠内的温度来确定。

1. 准备工作

在体温表的末端系一条10~15厘米长的绳子，另一端系一个小铁夹。用酒精棉或碘酒对体温表进行消毒，消完毒后向下甩体温表，甩到35℃以下。

2. 测量体温

左手拉住猪的尾巴，右手拿着体温表，沿着稍微偏向背侧的方向，慢慢插入猪肛门内，体温表插入大概2/3的长度，再用小铁夹夹住猪背上方的长毛，固定后就可以放开猪（图1-1）。在旁边观察3~5分钟，拿出体温表，擦干净后，记录这头猪的体温数字、日期以及所在的栏舍号，体温异常的在猪背上做记号。

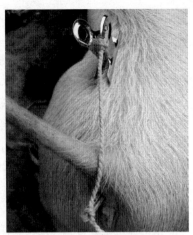

图1-1 猪的体温检查

3. 猪的体温

猪的直肠正常体温为38~39.5℃，一般仔猪的正常体温比成年猪的正常体温高0.5℃，傍晚猪的正常体温比上午猪高0.5℃。一般低温发生于大出血、产后瘫痪、循环衰弱、某些中毒或临死期；体温升高超过正常范围，多见于传染性疾病和某些炎症过程中。

猪在不同年龄、不同时期的体温是不一样的。具体来讲，猪的直肠温度变化范围如下。

① 刚生出来的仔猪体温是39℃。

② 仔猪出生1小时后的体温是36.8℃。

③ 仔猪出生12小时后为38℃。

④ 仔猪出生24小时后达到38.6℃。

⑤ 哺乳猪到断奶期间的体温是39.2℃。

⑥ 断奶猪（体重9~18千克）的体温是39.3℃。

⑦ 架子猪（体重27~45千克）的体温是39℃。

⑧ 育肥猪（体重45~90千克）的体温是38.8℃。

⑨ 妊娠母猪的体温是38.7℃。

⑩ 母猪产前24小时的体温是38.7℃。

⑪ 母猪产前12小时的体温是38.9℃。

⑫ 母猪产前6小时的体温是39℃。

⑬ 母猪生第一头小猪时体温达到39.4℃。

⑭ 母猪产后12小时体温是39.7℃。

⑮ 母猪产后24小时的体温是40℃。

⑯ 母猪产后 1 周到断奶体温为 39.3℃。

⑰ 母猪断奶后 1 天是 38.6℃。

⑱ 种公猪的体温一般情况下是 38.4℃。

应该注意的是，对刚经过剧烈运动的猪测量体温，应作适当休息后再进行测温；对性情温驯的猪测量体温时，可先用手指轻轻搔其后背部，待安静站立或卧地后，再将体温计插入直肠；对凶暴或骚动不安的猪，应作适当安定后再进行测温；在对初生乳猪进行测量体温时，体温计不可插入肛门过深，要用手抓住体温计末端进行固定。

二、猪的保定法

猪的保定是进行免疫接种、样品采集、阉割和健康检查等必须使用的基本技术，也是猪病诊断和治疗必不可少的手段。常用的猪保定方法有站立保定法、提举保定法、网架保定法、保定架保定法和倒卧保定法等。

1. 站立保定法

此方法有 3 种具体的操作方法。第一种方法是在猪圈中，把猪群轰赶到圈舍的角落里，关紧圈门，并由 1~2 个人用长木板或者一扇门将猪群挡住，使猪在圈内互相拥挤无法行动，兽医人员瞅准机会，然后检查处理。如欲抓住猪群中某一头猪进行检查和处理时，可迅速抓提猪尾、猪耳或后肢，将其拖出猪群，然后做进一步的保定。此法适于检查体温、肌内注射及一般的临床检查。在进行臀部注射时，最好是注完一头后马上用颜色水液标记，以免重注。肌内注射部位多选择耳后或臀部肌肉丰满处，且选用金属注射器为好。

第二种方法是用保定绳保定法，将保定绳的一端打个活结，一人抓住猪的两耳并向上提，在猪嚎叫时，把绳的活结立即套入猪的上颌部犬齿的后方并抽紧，然后把绳头扣在圈栏或木柱上，此时猪常后退，当猪退到被绳拉紧时，便站立不动。此法适用于一般检查和肌内注射。操作完毕后，只需把活结的绳头一抽便可使猪解脱。

第三种方法是鼻捻保定法，在 1 米左右长的木棍一端系一个绳套，套环直径 20 厘米左右，将套环套于猪的上颌部犬齿的后方，迅速旋转木棍使绳套拉紧（不宜过紧，以防窒息），猪立即安静，此时可进行各种操作。

2. 提举保定法

（1）两耳提举保定　抓住猪两耳，迅速提举，使猪腹部朝前，同时用膝部夹住其颈胸部。此法用于胃管投药及肌内注射。

（2）后肢提举保定　两手握住后肢飞节并将其提起，头部朝下，用膝部夹注背部即可固定。此法可用于直肠脱的整复、腹腔注射以及阴囊和腹股沟疝手术等。

3. 网架保定法

取两根木棒或竹竿（长 100~150 厘米），按 60~75 厘米的宽度，用绳织成网床。将网架于地上，把猪赶至网架上，随即抬起网架，使猪的四肢落入网孔并离开地面即可。较小的猪可将其捉住后放于网架上保定。或者几人将猪抬至移动式网架上，使四肢落入网孔，猪除了四肢游泳状划动外无法动弹，即可进行相应的诊疗。此法可用于一般的临床检查、耳静脉注射等。

4. 保定架保定法

将猪放于特制的活动保定架上，或使其成仰卧姿势，在大小适宜的木槽行背位保定。此法可用于前腔静脉注射及腹部手术等。

5. 倒卧保定法

（1）侧卧保定　左手抓住猪的右耳，右手抓住右侧膝部前皱褶，并向术者怀内提举放倒，然后使前后肢交叉，用绳在掌跖部拴紧固定。此法可用于大公、母猪去势，腹腔手术，耳静脉、腹腔注射。小公猪阉割术的保定方法：术者右手提起小猪的右后腿，左手抓住同侧膝前皱襞，使小猪呈左侧倒卧，背朝术者；术者以左脚踩住猪颈部，右脚踩住尾根，并用左手掌外侧推按压右侧大腿的后部，使该肢向前向上靠紧腹壁，充分暴露睾丸。

（2）倒背两前肢保定法　用一条长约 1 米、直径 0.3~0.5 厘米的细绳，一头先拴住患猪左（或右）前肢系部，然后绕过脊背再绑住右（或左）前肢系部，松紧适中，这样猪就处于爬卧状态，不能随意活动。个别猪剧烈挣扎不安静时，还可再用一条绳如法拴住两后肢。

（3）前后肢交叉保定法　用长 1 米，直径 0.3~0.5 厘米的细绳，将猪的任何一前肢与对侧的另一后肢拉紧绑在一起，这样保定也非常方便、牢靠，无须再按压保定。

（4）四肢叉开保定法　利用可能利用的条件，将猪的四条腿向前后两个方向分四点固定即可。如将猪四条腿分别固定起来，猪就呈爬卧状态，输液、换药、打针、灌肠都很方便。

（5）双绳放倒法　主要适用于性情较温顺的猪。用两条 3 米长的绳索，一条系于右前肢掌部，另一条系于右后肢跖部，两绳端越过腹下到左侧，分别向相反方向牵拉，猪即失去平衡而向右侧倒卧，随后，两助手按压住猪的头部和臀部，根据要求将猪前后肢捆缚固定。

三、母猪预产期推算

母猪从交配受孕日期至开始分娩，妊娠期一般在 108~123 天，平均大约 114 天。一般本地母猪妊娠期短，引进品种较长。正确推算母猪预产期，做好接产准备工作，对生产很重要。常用推算母猪预产期的简便易记的方法有 3 个。

1.推算法

此法是常用的推算方法，从母猪交配受孕的月数和日数加 3 个月 3 周 3 天；即 3 个月为 30 天，3 周为 21 天，另加 3 天，正好是 114 天，即是妊娠母猪的预产大约日期。例如配种期为 12 月 20 日，12 月加 3 个月，20 日加 3 周 21 天，再加 3 天，则母猪分娩日期，即在 4 月 14 日前后。

2.月减 8，日减 7 推算法

即从母猪交配受孕的月份减 8，交配受孕日减 7，不分大月、小月、平月，平均每月按 30 日计算，得数即是母猪妊娠的大约分娩日期。用此法也较简便易记。例如，配种期 12 月 20 日，12 月减 8 个月为 4 月，再把配种日期 20 日减 7 是 13 日，所以母猪分娩日期大约在 4 月 13 日。

3.月加 4，日减 8 推算法

即从母猪交配并受孕后的月份加 4，交配受孕日期减 8。其得出的数，就是母猪的大致预产日期。用这种方法推算月加 4，不分大月、小月和平月，但日减 8 要按大月、小月和平月计算。用此推算法要比推算法更为简便，可用于推算大群母猪的预产期。例如配种日期如 12 月 20 日，12 月加 4 为 4 月，20 日减 8 为 12，即母猪的妊娠日期大致在 4 月 12 日。

使用上述推算法时，如月不够减，可借 1 年（即 12 个月），日不够减可借 1 个月（按 30 天计算）；如超过 30 天进 1 个月，超过 12 个月进 1 年。

四、猪的给药技术

猪的给药方法很多，应根据病情、药物性质、猪的大小和头数，选择适当的给药方法。

1. 群体给药

现代集约化猪场控制猪病的关键措施就是群防群治。将药物添加到饲料或饮水中防治猪病，是规模养殖场用药的一个重要方法，其特点是方便，经济，节省人力与物力，提高防治效率；还能减少对猪群的应激。

混饲和饮水给药时应严格掌握用量，并确保药物与饲料混合均匀，通过饮水给药时应注意药物的水溶性，只有溶于水的药物才能通过饮水给药，同时要注意饮水量，保证每头猪药物的摄入量。另外，有些药物在水中时间过长易失效变质，应限时饮用。

2. 个体口服给药

（1）经口投药 首先捉住病猪两耳，使它站立保定，然后用木棒或开口器撬开猪嘴，将药片、药丸或其他药剂放置于猪舌根背面，再倒入少量清水，将猪嘴闭上，猪即可将药物咽下。这种投药方法限于少量药物。

（2）经口胃管投药法 助手抓住猪的两耳，将猪前躯挟于两腿之间。用木棒撬开口腔，并装上开口器，术者取胃管，从开口器中央将胃管插入食道，在确认插入食道后，再行灌药。

3. 注射给药

注射给药是将灭菌的液体药物，用注射器或输液器注入猪体内的方法。常用的注射方法有以下几种。

（1）肌内注射 将药液注入肌肉比较丰富的部位。刺激性较强和较难吸收的药物，进行血管内注射而有副作用的药液和油、乳剂等不能进行血管内注射的药液等均可采用。但因肌肉组织致密，仅能注射较少剂量。一般注射部位在猪耳根后、臀部或股内侧，应避开大血管及神经。

（2）静脉注射　将药液直接注入静脉内，药液随血液循环很快分布全身。主要用于大量的输液、输血，以治疗为目的的速效给药（如急救、强心药等），或注射药物有较强的刺激作用，不能作皮下、肌内注射，只能通过静脉内才能发挥药效的药物。注射药物的温度要尽可能接近于体温。猪注射部位一般选择耳静脉。

（3）气管内注射　气管内注射时将药液注入气管。注射时，病猪多取侧卧保定，且头高臀低，将针头经气管软骨环间进入气管，接上注射器缓慢注射。适用于气管、支气管和肺部疾病的治疗。注射药液量不宜过多，一般3~5毫升，量过大时，易发生气道阻塞而产生呼吸困难。

（4）胸腔注射或肺内注射　胸腔或肺内注射是治疗肺炎和胸膜炎的一种有效给药途径，由于药物直达病灶，因此治疗效果好于其他给药方法。

肺内注射法的注射部位在肩胛骨后缘，倒数第6~8肋间与髋关节连线交点，注射时选择单侧给药即可，若一次不愈，可在另侧相应部位再次注射。

操作时，站立保定，确定注射部位并用碘酊消毒。用注射器连接3~5厘米长的9~12号针头，抽吸药物后向胸壁垂直刺入2~3厘米以注入肺内为标准，并快速注入药物。为防止将药物注入肺内，刺入后可轻轻回针，看是否有气泡进入注射器内，如有气泡则说明针头未达肺内，而在胸腔。如针头到达肺内，则有少许血丝进入注射器。注完药物后迅速拔针并消毒。

药物选择：临床可选用卡那霉素注射液；氟喹诺酮类的环丙沙星、恩诺沙星等注射液。

注入药物后，鼻腔和口腔可能流出少量泡沫，但很快就能恢复。注射针头不宜过粗，以免对肺组织造成大的损伤而引起意外。

（5）腹腔注射　腹腔注射是将药液注入腹腔。肥育猪在右髋关节下缘的水平线，距离最后肋骨数厘米的凹窝部刺入。小猪应倒提保定，然后将针头刺入耻骨前缘 3~5 厘米的正中线旁的腹腔内。

其他，如皮内注射和皮下注射在猪少用。

五、子宫冲洗

子宫冲洗就是用子宫冲洗器或普通胶皮管、塑料管，向子宫内反复灌注和吸出消毒药液，清洗子宫内的积脓、胎衣碎片等物质。用于治疗母猪子宫内膜炎、子宫积脓、胎衣腐败等疾病。冲洗子宫的药品有 0.05%~0.1% 雷佛奴尔溶液、0.1% 碘溶液、0.05%~0.1% 高锰酸钾溶液、生理盐水、青霉素、链霉素等。

子宫冲洗时取站立保定或侧卧保定，先清洗和消毒外阴部，术者持导管插入母猪阴道内，经子宫颈口插入子宫内，导管另一端连接漏斗或注射器，向子宫内灌注消毒药液。然后放低导管，用虹吸法导引出灌入的药液，如此反复几次灌入和吸出，直至清洗干净。最后用青霉素 160 万 ~320 万单位、生理盐水 150~200 毫升灌入子宫内，以控制和消除子宫炎症。

子宫冲洗通常在产后 48 小时内或发情期间进行，如果是在非发情期间，应先注射雌激素，以松弛子宫颈口。

六、常用单位及换算

1. 重量单位

1 吨（t）=1 000 千克（kg）

水体积和重量换算：1 米^3（m^3）=1 吨，1 升（L）=1 千克（kg），1 毫升（mL）=1 克（g）。低浓度溶液可参照水，其他液体则不然。1 千克 =1 000 克，1 千克 =2 市斤。

1 克 =1 000 毫克（mg），1 毫克 =1 000 微克（μg）

2. 体积单位

1 米^3（方）=1000 升，1 升 =1 000 毫升

3. 浓度单位

百分比浓度用 % 表示，ppm 为百万分比浓度。1%=1/100，1ppm=1/1 000 000，1%=10 000ppm

如果料中加药 1%，就是在 100 千克料中加 1 千克药，500ppm

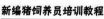

则是在 100 万千克料中加 500 千克药或 1 000 千克料中加 0.5 千克药。

七、健康猪和病猪简单识别法

自从现代养猪采用自由采食方式以来，猪采食没有固定时间，一些病弱猪不容易及早被发现，往往延误治疗，造成很大损失。但饲养员可以经过实践体验，病弱猪还是有许多前兆可以发现的，主要有以下几点。

1. 看眼睛

健康的猪，眼睛明亮有神；若发现猪的眼睛昏暗、发红、眼屎过多则是患病的表现。

2. 看皮肤

健康的猪，皮肤光滑圆润，肌肉丰满；如猪皮粗硬而且缺乏弹性，有肿胀、溃疡、红斑、烂斑等则是患病的表现。

3. 看毛色

健康的猪，毛色光亮润泽；如果猪毛粗硬、缺乏弹性、杂乱，便是患病的表现。

4. 看鼻盘

健康的猪，鼻盘潮湿有汗球；如猪鼻盘干燥无汗珠，鼻孔内有大量黏液溢出，则是患病的表现。

5. 看动作

健康的猪，尾巴不停地摇摆，且能迅速灵敏地对外界刺激做出反应。健康的成年猪贪食好睡。若给予食物则应声而来，饱食后卧地嗜睡，遇有生人接近，即起立举目并不断摇尾。若有头尾下垂等现象，则为病猪。

6. 看颈部

健康的猪，头颈部活动自如，无肿硬现象；如猪的头颈动作不自如或有肿胀和发硬现象，则是患病的表现。

7. 看呼吸

健康的猪，正常呼吸每分钟 10~20 次；如果腹式呼吸过快或过慢则为不正常。

8. 看尾部

健康的猪，肛门干净无粪便；如发现猪肛门及其周围，甚至尾巴粘有稀粪或肛门内直肠脱出或尾下垂不动弹，则是患病的表现。

9. 看姿势

健康的猪睡觉多侧睡，呼吸为胸腹式呼吸（根据情况的不同，也有腹式呼吸的）；如果呈犬坐势，张口呼吸，则是患病的表现。

10. 听声音

健康的猪发出的叫声洪亮；如叫声嘶哑则为患病猪。

技能训练

一、猪的体温测量

【目的要求】能正确使用兽用体温计并读数，熟练掌握猪体温测定的方法。

【训练条件】活猪数头、体温计数支、75%酒精棉球2瓶、液体石蜡1瓶、镊子2副。

【操作方法】

1. 体温计的准备

先检查体温计水银柱是否在35℃以下，若在35℃以上时则甩至以下，用75%酒精消毒，涂上润滑油。

2. 猪的保定

性情温顺的猪，可先轻搔其背部，待安静时，将体温计缓缓插入直肠；对骚动不安的猪，应适当保定后再测温。

3. 测温

保定猪，平行荐尾部方向，将体温计缓缓插入直肠内，深度为体温计长度的2/3左右，并用夹子固定在猪的荐部上，经3~5分钟，取出体温计，用酒精棉球擦净体温计上的粪便或黏液，然后背光查看水银柱的刻度数，进行读数。测温完毕，再将水银柱甩至35℃以下，用酒精棉球彻底擦拭干净，放于盛有消毒液的瓶内，以备再用。

4.猪正常体温 38.0~39.5℃

【考核标准】

1.体温计水银柱应在 35℃以下。

2.测温部位在直肠。

3.能准确地读出体温计的度数。

4.能准确地对体温计进行消毒。

二、腹腔注射和口服给药

【目的要求】熟练掌握猪腹腔注射和口服给药的方法。

【训练条件】猪数头，5% 的葡萄糖溶液或 0.9% 氯化钠溶液 6 瓶，注射器 8 支，针头一盒，一次性输液管 4 根，阿莫西林 4 包，痢菌净 4 包，土霉素 1 瓶，饲料 40 千克，75% 酒精棉球 4 瓶，3% 碘酊 4 瓶。

【操作方法】

1.腹腔注射法

（1）部位　在骨前缘前方 3~5 厘米处的腹中线旁。

（2）方法　体重较轻的猪可提举两后腿倒立保定，体重较大的猪需采用横卧保定。注射局部剪毛、消毒。术者左手把握猪的腹侧壁，右手持注射器或针头垂直刺入 2~3 厘米，使针头穿透腹壁，刺入腹腔内。然后，左手固定，右手推动注射器注入药液或连续输液管输入药液。注射完毕，拔出针头，术部涂擦碘酊消毒处理。

2.口服给药法

（1）混料给药　将药物混合到饲料中，让猪自由采食。适用于群体投服药物，是集约化养猪场常用的给药方法之一。拌料所用药物应无特殊气味，容易混合。在混料前，应根据用药剂量、疗程及猪的采食量准确计算出所需药物及饲料的量，然后采用递加稀释法将药物混入饲料中（即先将药物加入少量饲料中混匀，再逐次递增与较多量饲料混合，直至与全部饲料混匀）。混好的饲料可供猪自由采食。

（2）混饮给药　将易溶于水的药物容于水中，让猪通过饮水摄入药物。适用于食欲降低而能饮水传染病的预防和治疗。

（3）灌服给药　体格较小的猪（如乳仔猪）灌服少量药液时可用汤勺或注射器（不接针头）。较大的猪，灌服较大剂量的药液时，可用胃管投入。

【考核标准】

1. 能熟练正确给猪温进行腹腔注射。

2. 能根据实际情况准确地给猪群拌料给药。

3. 能给小猪准确的灌药。

4. 能熟练的给猪进行口腔给药。

三、肌内注射和静脉注射

【目的要求】掌握肌内注射和静脉注射的部位、方法及注意事项。

【训练条件】猪数头，5%的葡萄糖溶液或0.9%氯化钠溶液共8瓶，注射器8支，针头一盒，一次性输液管8根，160万单位的青霉素8瓶，75%酒精棉球4瓶，3%碘酊4瓶，镊子8副。

【操作方法】

1. 肌内注射

（1）部位　应选择肌肉丰满，血管少，远离神经干的部位。猪在耳后、荐股部、颈部。

（2）注射方法　肌内注射时，先保定猪，在注射部位消毒，然后左手固定注射部位皮肤，右手持注射器垂直刺入肌肉后，改用左手挟注射器和针头尾部，右手回抽一下针芯，如无回血，即可将药液缓慢注入。注射完毕，拔出针头，涂以5%的碘酊消毒。

2. 静脉注射给药

（1）部位　常采用耳静脉注射。

（2）方法　先将猪站立或侧卧保定，耳静脉局部消毒，助手用手指按压耳根部静脉管处或用胶带在耳根部扎紧，使静脉血回流受阻，静脉血管充盈、怒张。术者用左手把持猪耳，将其托平并使注射部位稍有隆起，右手持连接针头的注射器，沿静脉管方向使针头与皮肤呈30°~45°角，刺入皮肤和血管内，轻轻回抽注射器活塞，如见回血即为已刺入血管，然后将针管放平并沿血管稍向前送入。此时，可以撤去压迫脉管的手指或解除结扎的胶带。术者用左手拇指压住注射针头或用胶带固定针头，右手徐徐推进药液，直至药液注完。如果大量输液，可用输液器、输液瓶代替注射器。操作方法相同。注射完毕，左手拿酒精棉球紧压针孔，迅速拔出针头。为了防止血肿，需继续紧压局部片刻，最后涂5%碘酊。

【考核标准】

1. 能熟练地使用金属注射器。

2. 能准确地进行肌内注射操作。

3. 能准确地进行静脉注射。

思考与练习

1. 简述猪饲养员的岗位职责。

2. 如何给猪进行体温测定？

3. 详细叙述猪的腹腔注射、口服给药、肌内注射和静脉注射的操作方法。

第二章　猪的品种与繁殖利用

1. 了解猪的经济类型，掌握我国主要地方猪品种、引进的主要猪品种的产地与分布、外貌特征、生产性能等。

2. 掌握规模化猪场后备母猪的选留标准。

3. 了解种公猪的生理特点，掌握种公猪的健康管理和合理使用方法。

4. 掌握母猪的性成熟与体成熟、初情期和适配年龄、发情周期、母猪的排卵时间与适时配种时间。

5. 掌握母猪早期妊娠诊断技术与返情的正确处置措施。

6. 掌握母猪分娩管理的重点。

技能要求

1. 能识别我国主要地方猪品种、国外引进的主要猪品种。

2. 能根据后备母猪的选留标准，正确选留后备母猪。

3. 掌握种公猪日常饲养管理和利用的相关技能。

4. 学会把握空怀母猪的最佳配种时间。

5. 能为分娩母猪做好接产准备。

6. 能判断母猪难产，并对出现难产的母猪实施人工助产。

21

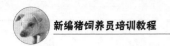

第一节　猪的品种

一、猪的经济类型

从经济价值考虑，根据猪的产肉特点和外形特征，大致将猪分为瘦肉型猪、脂肪型猪、兼用型猪三种不同经济类型。

1. 脂肪型猪种

脂肪型猪能生产较多的脂肪，胴体瘦肉率仅占35%~45%，背膘厚5.0厘米以上。这种类型的猪成熟早，繁殖力高，耐粗饲，适应性强，肉质好。对蛋白质饲料需要较少，需要较多的碳水化合物饲料，饲料转化率较差。脂肪型猪的外形特点是体躯宽深而稍短，颈部短粗，下颌沉垂而多肉，四肢短，大腿较丰满，臀宽平厚，胸围大于或等于体长。早年的巴克夏猪是典型的代表。我国很多地方型猪都属脂肪型猪，如华南型猪：两广小耳花猪（32%瘦肉率、肥肉+板油占胴体52.69%、9~10个月才长到80~85千克）、海南猪等；培育的脂肪型猪有赣州白猪。现在已不再培育脂肪型猪。

2. 瘦肉型猪种（系）

瘦肉型猪的胴体瘦肉率为55%~65%，其生长发育快，肥育期短。瘦肉型猪生产瘦肉的能力强，能有效利用饲料转化为瘦肉。瘦肉型猪的外形特点是躯体长，胸腿肉发达，身躯呈流线型，体长比胸围长15~20厘米，背膘厚1.5~3.0厘米，腰背平直，腿臀丰满，四肢结实。丹系长白猪是典型代表。

杂交得来的瘦肉型猪与我国本土的脂肪型猪，在生长发育的规律上存在很大的不同，主要表现在沉积脂肪的能力、出栏时的胴体瘦肉率以及生长高峰期的不同。

① 瘦肉型猪体内沉积蛋白质能力较强，沉积脂肪能力较弱；脂肪型猪沉积脂肪能力较强而沉积蛋白质能力较弱，瘦肉型猪上市屠宰时胴体瘦肉率高达55%~65%，而脂肪型猪胴体瘦肉率只有35%~45%。

② 瘦肉型猪各种体组织生长的高峰期较脂肪型猪晚，脂肪型猪多属于早熟型品种，成年体重较小，各种体组织生长的高峰期到来得

也较早。如我国地方猪种 4~5 月龄就达到了肌肉生长高峰期，而脂肪的生长很早就已开始，到 5~6 月龄时已强烈沉积。瘦肉型猪肌肉生长高峰期在 5~6 月龄，而脂肪强烈沉积是在 8~9 月龄，因此，瘦肉型猪达 90 千克上市时胴体瘦肉率较高而脂肪率较低。

3. 兼用型猪种

兼用型猪的体形、胴体肥瘦度、背膘厚度、产肉特性、饲料转化率等均介于瘦肉型猪和脂肪型猪之间，有的偏向于瘦肉型猪，称为肉脂兼用型猪，有的偏向于脂肪型猪，称为脂肉兼用型猪。瘦肉占胴体重 45%~55%，背膘厚 3.0~4.5 厘米。苏白猪为典型代表。我国培育的很多品种都是肉脂或脂肉兼用型猪，如北京黑猪、新金猪、上海白猪、哈尔滨白猪、吉林花猪、新淮猪等；国外猪种如苏联大白猪、中约克夏等。

二、猪的优良品种介绍

1. 国外品种

目前国际上流行的，都是经改良的品种，均属瘦肉型，只是胴体品质和生产性能上略有差异，主要有以下品种。

（1）大约克夏猪也叫大白猪（图 2-1、图 2-2）　1852 年在英国育成，是世界上著名的瘦肉型猪种，有较好的适应性，其主要优点是生长快，饲料利用率高，产仔多，瘦肉率高。

图 2-1　大白猪（母）　　　图 2-2　大白猪（公）

外貌特征：体格大，体型匀称，耳直立，鼻直，四肢较高，全身被毛白色。成年公猪体重 350~380 千克，成年母猪 250~300 千克。

肥育性能：生后 6 月龄体重可达 90~100 千克，肉料比 1：3 左右，屠宰率 71%~73%，胴体瘦肉率 60%~65%。

繁殖性能：性成熟晚，生后 5 月龄出现第一次发情，经产母猪产活仔 10 头左右。35 日龄断奶窝重 80 千克。

（2）长白猪（图 2-3、图 2-4） 原产于丹麦，是世界上著名瘦肉型猪种之一。长白猪的主要特点是产仔数较多，生长发育较快，省饲料，胴体瘦肉率高，但抗逆性差，饲料营养要求较高。

图 2-3　长白猪（母）　　　　　图 2-4　长白猪（公）

外貌特征：头狭长，耳向前平伸略下垂，体躯深长，结构匀称，后臀特别丰满且肌肉发达，体躯前窄后宽呈流线型，全身被毛白色。成年公猪体重达 250~350 千克，成年母猪体重 220~300 千克。

肥育性能：长白猪 6 月龄体重可达 90 千克以上，日增重 500~800 克，肉料比 1：3，屠宰率 69%~75%，胴体瘦肉率为 50%~65%。

繁殖性能：性成熟较晚，公猪一般在 6 月龄时性成熟，8 月龄开始配种。

（3）杜洛克猪（图 2-5、图 2-6） 饲养条件比其他瘦肉型猪要求低，生长速度快，饲料利用率高，胴体瘦肉率高，肉质较好，性情温和。成年公猪体重为 340~450 千克，成年母猪体重 300~390 千克。在杂交利用中一般作为父本。

外貌特征：全身被毛呈金黄色或棕红色，色泽深浅不一，头小清

图2-5 杜洛克猪（母）

图2-6 杜洛克猪（公）

秀，嘴短而直，两耳中等大小，耳尖稍下垂。背腰在生长期呈平直状态，成年后稍呈弓形，胸宽而深，后躯肌肉丰满。四肢粗壮结实，蹄呈黑色，多直立。

肥育性能：6月龄体重可达90千克，日增重600~700克，肉料比1:2.99。在体重100千克时屠宰率75%，胴体瘦肉率61%以上。

繁殖性能：性成熟较晚，母猪一般在6~7月龄、体重90~110千克时开始发情，经产母猪产仔数10头左右。

（4）汉普夏猪（图2-7、图2-8） 是美国第二个普及的猪种（薄皮猪），广泛分布于世界各地。主要特点是生长发育较快，抗逆性较强，饲料利用率较高，胴体瘦肉率较高，肉质较好，但产仔数较少。

图2-7 汉普夏猪（母）

图2-8 汉普夏猪（公）

外貌特征：毛黑色，肩颈结合处有一白色带（包括肩和前肢），故又称银带猪。头中等大，嘴较长且直，耳中等大且直立。体躯较杜洛克猪稍长，背宽大略呈弓形，后躯臀部肌肉发达，体质强健，体型紧凑，成年公猪体重315~410千克，成年母猪体重250~340千克。

肥育性能：6月龄可达90千克，日增重600~700克，肉料比1:3，体重达90千克时屠宰，其屠宰率71%~79%，胴体瘦肉率60%以上。

繁殖性能：性成熟较晚，母猪一般在6~7月龄、体重90~110千克时开始发情。汉普夏猪以母性强，仔猪成活率较高而著称，产仔数平均为8.66头。

（5）皮特兰猪（图2-9、图2-10） 产于比利时的邦特地区，主要特点是生长发育快、瘦肉率高（达65%以上）。

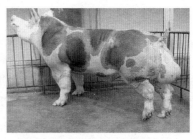

图2-9　皮特兰猪（母）　　　　图2-10　皮特兰猪（公）

外貌特征：毛色灰白，体躯夹有黑斑，耳中等大小，微前倾，头部清秀，颜面平直，嘴大且直。体躯呈圆柱形，肩部肌肉丰满，背直而宽大，体长1.5~1.6米。

肥育性能：6月龄可达100千克，每增重1千克消耗配合饲料3.0千克以下，90千克时屠宰，胴体瘦肉率65%以上。后躯占胴体37%以上。

繁殖性能：性成熟较晚，5月龄后公猪体重达90千克，母猪6月龄，体重达100千克以后配种为宜，初产母猪产仔7头以上，经产母猪产仔9头以上。该猪种体质较弱，较神经质，配种时注意观察，尤其在夏季炎热天气需注意防暑和调教。

2. 国内地方优良品种

根据猪种来源、地域分布和生产性能等特点，我国地方猪种可划分为华北型、华南型、华中型、江海型、西南型和高原型6个类型。

（1）华北型 分布于秦岭和淮河以北。主要特点是体格较大，头直嘴长，背腰狭窄，臀部倾斜，四肢粗壮；皮厚毛密，鬃毛发达，被毛多为黑色且冬季密生绒毛；母猪3~4月龄开始发情，繁殖力强，经产母猪产仔大多在12头以上。代表品种有东北地区的民猪（图2-11）、西北地区的八眉猪和淮河流域的淮猪等。

图2-11 东北民猪

图3-12 滇南小耳猪

（2）华南型 分布于中国南部。主要特点是体格偏小，头小面凹，耳竖立或向两侧平伸，躯体短宽，腿臀丰满，四肢较短；皮薄毛稀，鬃毛短小，被毛多为黑色或黑白花色；性成熟比华北型早，繁殖力低，平均产仔数8~10头，乳头5~6对。代表品种有云南的滇南小耳猪（图2-12）、福建的槐猪、海南的海南猪等。

（3）华中型 分布于长江以南，北回归线以北，大巴山和武陵山以东的大部分地区。主要特点是体型略大于华南型，头中等大小，耳向上或平向前伸，背腰较宽且多小凹，腹大下垂；毛色以黑白花为主，头尾多为黑色；繁殖力中等，每胎产仔数10~13头，乳头6~8对。代表品种有浙江的金华猪（图2-13）、广东的大花白猪，湖南的宁乡猪、广西壮族自治区的两头乌猪等。

（4）江海型 分布于长江中下游及东南沿海的狭长地带，包括台湾省西部的沿海平原。主要特点是额宽，耳大下垂，背腰较宽，教平直或微凹，骨粗；皮厚而松软，且多褶皱，被毛有黑色或间有白斑；

图 2-13　金华猪

图 2-14　太湖猪

繁殖力高，经产母猪产仔数 13 头以上，乳头多在 8 对以上。代表品种有太湖流域的太湖猪（图 2-14）、江苏的姜曲海猪、台湾省的桃园猪等。

（5）西南型　分布于四川盆地，云南、贵州的大部分地区，以及湖南、湖北的西部地区、主要特点是体格稍大，头大，额面多横行皱纹且有旋毛，四肢粗壮；毛色多样，以全黑或"六白"为主，也有黑白花和少量红毛猪；繁殖力偏低，经产母猪产仔数 8~10 头，乳头6~7 对。代表品种有四川的内江猪和荣昌猪（图 2-15）、云南等地的乌金猪等。

图 2-15　荣昌猪

图 2-16　藏猪

（6）高原型　主要分布于青藏高原，品种数和头数均较少，以藏猪为代表品种（图 2-16）。主要特点是体型小，形似野猪，善奔跑，耐饥寒；繁殖力低，一般年产 1 胎，每胎 5~6 头；生长慢，较晚熟，胴体瘦肉率在 52% 左右。

三、后备猪的选择

（一）猪场母猪的群体构成

规模化猪场一般都有自己的繁殖体系，形成通常所说的核心群（育种群体）、繁殖群和生产群（商品群体）。但整个群体的大小则以生产群母猪数的多少来衡量。三者的关系大约应符合这样的比例：核心群：繁殖群：生产群 =1 ：5 ：20。核心群规模的大小，除要考虑繁殖群所需种猪数量外，品种选育的方向和进度是两个重要因素。规模化猪场通常较合理的胎龄结构比例见表2-1。

表2-1　规模猪场母猪胎龄比例

项目	指标		
母猪胎次	1~2	3~6	7 胎以上
比例（％）	25~35	60	10~15

随品种状况、饲养管理水平等因素的不同，群体结构会有所变化。如品种繁殖能力强、营养好、饲养管理水平高的猪场，高胎龄母猪可多留一些；母猪本身体况好、营养好及有效产仔胎数多的母猪也可多留作高胎龄母猪。

（二）后备母猪的选留

1. 选留数量的确定

选留数量通常为：生产群数量 × 母猪淘汰率 ÷60％。选留原则：本场生产育种的目标和标准。通常包括个体生产性能及系谱同胞鉴定的结果进行判断。

2. 选留时间

后备母猪的选留如果做得精细一些，可以进行 3 次选留。

第一次在断奶时，通过仔猪断奶转群转入保育舍时进行第一次选择。初次选留体况较好的小母猪作为后备母猪，乳头是否正常是此时选留的一个最重要的、也是最明显的标准。

第二次在 60 千克左右时，通过前一个生长时期的饲养，第一次选留时一些不明显的问题，此时会显示出来，选择体况良好，乳房结实丰满、乳头整齐无缺陷，肢蹄正常的母猪作为后备母猪。

第三次在配种前后，再次淘汰以下几种情况的母猪：母性差的母猪，这类母猪一般发情不明显，乏情或不发情；体质差的母猪，例如有些母猪被冷水冲淋后浑身发抖、被毛竖立；有隐性感染的母猪，这些母猪一般生长缓慢，疫苗接种时疫苗反应强烈。

3. 后备母猪的选留标准

后备母猪的本场选留，是根据本场的繁育需要确定的，有纯种繁育和杂交繁育。如果是商品性的规模猪场，还应根据本场的杂交组合来确定，通常以杂交一代母猪为主（如长大一代母猪或大长一代母猪）。

挑选后备母猪，首先要进行母体繁殖性状的选择和测定，要从具备本品种特征外貌（毛色、头型、耳型等）的母猪及仔猪中挑选，还需测定每头母猪每胎的产活仔数、壮仔数、窝断奶仔猪数、断奶窝重及年产仔胎数。因为这些性状确定时间较早，一般在在仔猪断奶时即可确定，因此要首先考虑，为以后的挑选打下基础。

（1）母体繁殖性状

① 生长速度。后备母猪应该从同窝或同期出生、生长最快的 50%~60% 的猪中选出。足够的生长速度提高了获得适当遗传进展的可能性。生长速度慢的母猪（同一批次）会耽搁初次配种的时间，也可能终生都会成为问题母猪。

② 外貌特征。毛色和耳形符合品种特征，头面清秀、下额平滑；应注意体况正常，体型匀称，躯体前、中、后3部分过渡连接自然；被毛光泽度好、柔软、有韧性；皮肤有弹性、无皱纹、不过薄、不松弛；体质健康，性情活泼，对外界刺激反应敏捷；口、眼、鼻、生殖孔、排泄孔无异常排泄物粘连；无瞎眼、跛行、外伤；无脓肿、疤痕、无癣虱、疝气和异嗜癖。

③ 躯体特征。头部：面目清秀。背部：胸宽而且要深。腰部：背腰平直，忌有弓形背或凹背的现象。荐部：腰荐结合部要自然平顺。臀宽的母猪骨盆发达，产仔容易且产仔数多。尾部：尾根要求大、粗且生长在较高及结构合理的位置上。

④ 乳头。乳头的数量和分布是判断母猪是否发育良好的评判标

准。理想的后备母猪，有效乳头应该在 7 对及 7 对以上，对于 6 对的只作为备选后备母猪，仅在配种目标达不到的情况下才会配种。乳头分布要均匀，间距匀称，发育良好。没有瞎乳头、凹陷乳头或内翻乳头，乳头所在位置没有过多的脂肪沉积，而且至少要有 2~3 对乳头分布在脐部以前且发育良好（图 2-17），因为前 2~3 对乳头的发育状况很大程度上决定了母猪的哺乳能力。

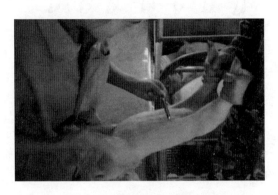

图 2-17　查看有效乳头的数量与分布

⑤ 外阴。母猪的生殖器非常重要，是决定母猪人工授精和生产难、易的关键。一般以阴户发育好且不上翘的为评判标准。小阴户、上翘阴户、受伤阴户或幼稚阴户不适合留作后备母猪，因为小阴户可能会给配种尤其是自然交配带来困难，或者在产房造成难产，上翘阴户可能会增加母猪感染子宫炎的概率，而受伤阴户即使伤口能恢复愈合仍可能会在配种或分娩过程中造成伤疤撕裂，为生产带来困难，幼稚阴户多数是体内激素分泌不正常所致，这样的猪多数不能繁殖或繁殖性能很差。

⑥ 肢蹄。后备母猪四肢是否健实是决定其使用年限的一个关键因素。母猪每年因运动问题导致的淘汰率高达 20%~45%，运动问题包括一系列现象，如跛腿、骨折、后肢瘫痪、受伤、卧地综合征等。引起跛腿的原因有软骨病、烂蹄、传染性关节炎、溶骨病、骨折等。

肢蹄评分系统（图 2-18）中，不可接受（1 分）：存在严重结构问题，限制动物的配种能力；好（2~3 分）：存在轻微的结构问题和/

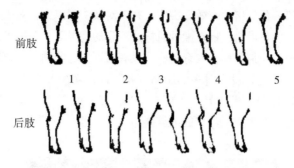

前肢

1   2   3   4   5

后肢

图2-18　肢体评分系统

或行走问题：优秀（4~5分），没有明显的结构或行走问题，包括趾大小均匀，步幅较大，跗关节弹性较好；系部支撑强，行走自如。上述肢蹄评分系统中，分数越高越好。蹄部关节结构良好是使母猪起立躺下，行走自如，站立自然，少患关节疾病和以后的顺利配种的原始动力。

前肢：前肢应无损伤，无关节肿胀，趾大小均匀，行走时步幅较大，弹性好的跗关节，有支撑强的系部。

后肢：后肢站立时膝关节弯曲自然，避免严重的弯曲和跗关节的软弱，但从以往实际生产上的业绩看，对膝关节正常的，有"卧系"现象的也可选用。

⑦足。挑选后备母猪时，对足的要求要注意以下几个方面。

足的大小合适，位置合理；单个足趾尺寸（密切注意足内小足趾）；检查蹄夹破裂、足垫膜磨损以及其他的外伤状况；腿的结构与足的形状、尺寸的适应程度；足趾尺寸分布均匀，足趾间分离岔开，没有多趾、并趾现象。关节肿胀（图2-19）、足趾损伤（图2-20）、悬蹄损伤（图2-21）、蹄夹过小（图2-22）、足夹尺寸过大（图2-23）、足夹断裂（图2-24）、足底垫膜损伤（图2-25）等，都是有问题的足。

图 2-19 关节肿胀

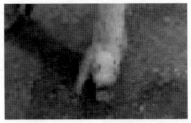

图 2-20 足趾损伤

图 2-21 悬蹄损伤

图 2-22 蹄夹过小

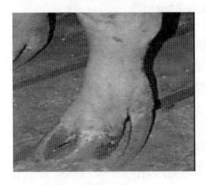

图 2-23 足夹尺寸过大

图 2-24 足夹断裂

⑧具有以下性状的猪也不能选作后备母猪。阴囊疝——俗称疝气；锁肛——肛门被皮肤所封闭而无肛门孔；隐睾——至少有一个睾丸没有显示出来；两性

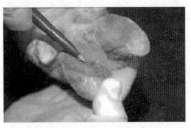

图 2-25 足底垫膜损伤

体——同时具有雌性（阴户）和雄性（阴茎）生殖器官；战栗——无法控制的抖动；八字腿——出生时，腿偏向两侧，动物不能用其后腿站立。

理想后备母猪的特征见图2-26。

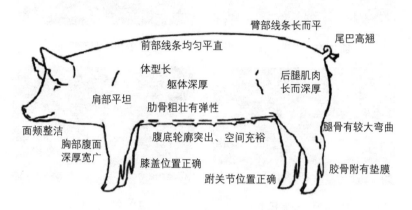

前部线条均匀平直

臀部线条长而平

尾巴高翘

体型长

躯体深厚

后腿肌肉长而深厚

肩部平坦

肋骨粗壮有弹性

面颊整洁

腿骨有较大弯曲

胸部腹面深厚宽广

腹底轮廓突出、空间充裕

膝盖位置正确

跗关节位置正确

胶骨附有垫膜

图2-26　理想后备母猪的特征

（2）审查母猪系谱　种猪的系谱要清楚，并符合所要引进品种的外貌特征。引种的同时，对引进种猪进行编号，可以根据猪的耳号和产仔记录找出母亲和父亲，并进一步找出系谱亲缘关系。同时要保证耳号和种猪编号对应。

（3）看断奶窝重和品种特征　仔猪在30~40日龄断奶时，将断奶窝重由大到小逐一排队，把断奶窝重大的当作第一次选留对象。凡外貌如毛色、头型等品种特性明显，发育良好，乳头总数在6对以上且排列整齐，没有瞎乳头、副乳的仔猪，肢蹄结实，无蹄裂和跛行；生殖器官发育良好，外阴较大且下垂等，均可作为第二次留种的标准。同一窝仔猪中，如发现个别有疝气（赫尔尼亚）、隐睾、副乳等遗传缺陷的仔猪，即使断奶窝重大，也不能从中选留。

（4）看后备母猪的生长发育和初情期　4月龄育成母猪表现为身体发育匀称、四肢健壮、中上等膘、毛色光泽。除有缺陷、发育不良或患病的仔猪，如窄胸、扁肋、凹背、尖尻、不正姿势（X状后肢）、腿拐、副乳、阴户小或上撅、毛长而粗糙等不应选留外，其他健康的均可留作种用。后备母猪达到第一个发情期的月龄叫初情期，同一品种（含一代母猪），初情期越早，母性越好。进入初情期，表明母猪的生殖器官发育良好，具备做母猪的条件。初情期在7月龄以上的母猪不应选留后备种用。

（5）看母猪初产（第一次产仔）后的表现　初产母猪中乳房丰满、间隔明显、乳头不沾草屑、排乳时间长，温驯者宜留种；产后掉膘显著，怀孕时复膘迅速，增重快，哺乳期间食欲旺盛、消化吸收好的宜留种。对产仔头数少、泌乳性能差、护仔性能不好，有压死仔猪行为的母猪，坚决予以淘汰。

第二节　种公猪的管理

一、种公猪的生理特点

（一）公猪射精量大

在正常的情况下，成年公猪1次射精量可达150~350毫升，平均为250毫升左右，高的可达600毫升，精子总数在200亿~600亿个。

（二）精液中含有多种物质

精液中水分约占97%，粗蛋白质占1.2%~2%，脂肪约占0.2%，灰分约占0.9%，各种有机浸出物约占1%。其中粗蛋白质占干物质的60%以上。

（三）公猪交配时间比其他家畜长

一般5~10分钟，长的可达25分钟，长于其他家畜。体力与营养物质消耗很大。牛和羊的射精时间仅有3秒左右。

（四）保持合理的公母比例

猪群应保持合理的公母比例，本交情况下公母比例为1：（25~30）。人工授精情况下公母比例为1：（150~200）。

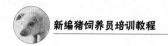

二、种公猪的营养管理

（一）种公猪的营养需求

一般种公猪每次配种射精量在 200 毫升左右，变动范围依品种年龄可在 50~500 毫升。种公猪在配种期间消耗极大，如按 2 次 / 天的频率，每日排出精液量为 100~1 000 毫升，故在营养需求方面需十分讲究，才能维持公猪持久有效的配种能力。要充分发挥种公猪的生产性能，就要保证足够的优质蛋白质、维生素、矿物质供给等。

1. 能量

合理供给能量，是保持种公猪体质健壮，性机能旺盛和精液品质良好的重要因素。在能量供给量方面，未成年公猪和成年公猪应有所区别。未成年公猪由于尚未达到体成熟，身体还处于生长发育阶段，消化能水平以 12.6~13.0 兆焦 / 千克为宜，成年公猪可适量降低。以 12.5~12.9 兆焦 / 千克为宜。

2. 蛋白质

蛋白质对增加射精量，提高精液品质和配种能力以及延长精子存活时间都有重要作用。如果蛋白质不足会造成精液数量少，精子密度低，发育不完全并且活力差，使与配母猪受胎率下降，严重时，公猪甚至失去配种能力。因此，公猪日粮中，蛋白质一般在 15% 以上，赖氨酸在 0.7%~0.8%。蛋白质饲料可多样化，可喂些青绿饲料。

3. 维生素

公猪饲料中一般添加复合维生素，尤其是维生素 A 和维生素 E 对精液品质有很大影响。长期缺乏维生素 A，引起睾丸肿胀或萎缩，不能产生精子，失去繁殖能力。每千克饲料中维生素 A 应不少于 3500 国际单位。维生素 E 也影响精液品质，每千克饲料中维生素 E 应不少于 9 毫克。维生素 D 对钙磷代谢有影响，间接影响精液品质，每千克饲料中维生素 D 应不少于 200 国际单位。如果公猪每天有 1~2 小时日照，就能满足对维生素 D 的需要。

4. 矿物质

矿物质对公猪精液品质与健康影响也较大。钙和磷不足使精子发育不全，降低精子活力，死精增加，所以饲料中应含钙 0.6%~0.7%、含磷 0.55%~0.6%。微量元素必须添加铁、铜、锌、锰、碘和硒，尤其是硒缺乏时可引起睾丸退化，精液品质下降。

（二）种公猪饲料的配方原则

公猪饲粮配方的原则是浓度高、体积小、营养全、酸碱平。一般公猪饲粮的粗蛋白水平在 16% 左右，能量水平在 13.39 兆焦 / 千克，钙 >0.75%，总磷 >0.60%、有效磷 >0.35%、钠 0.15%、氯 0.12%、镁 0.04%、钾 0.2%、铜 5 毫克 / 千克、碘 0.14 毫克 / 千克、铁 80 毫克 / 千克、锰 20 毫克 / 千克、硒 0.15 毫克 / 千克、锌 50 毫克 / 千克、维生素 A 4000 国际单位、维生素 D 3200 国际单位、维生素 E 44 国际单位、维生素 K 0.5 毫克 / 千克、生物素 0.2 毫克 / 千克、胆碱 1 250 毫克 / 千克、叶酸 1.3 毫克 / 千克、尼克酸 10 毫克 / 千克、泛酸 12 毫克 / 千克、核黄素 3.75 毫克 / 千克、硫胺素 1 毫克 / 千克、吡醇 1 毫克 / 千克、维生素 B_{12} 15 微克 / 千克、亚油酸 0.1%。

要满足上述营养需要，饲粮配方基本是一个精料型组合，而且以玉米豆粕为主糠麸为辅，配合以 4% 的预混，才能完成配方的营养指标。由于公猪数量有限，不便专门为公猪开动一次搅拌机，为有限的公猪拌出 1 年以上的饲粮存入仓库，易招致公猪饲粮的霉变或过度氧化导致的维生素失效。一个比较简单的变通方法是用哺乳母猪的饲粮代替公猪饲粮，其原因是哺乳母猪饲粮周转较快可以保持新鲜，同时，哺乳母猪和公猪的营养要求十分接近，只是公猪饲粮要求更精一些。为此，对公猪可以通过以下手段额外加强营养：

①鸡蛋每日 2~8 枚，饲喂时直接打入饲粮；

②胡萝卜打浆后按 1∶2 与羊奶混合，每头补饲 1.5 升 / 天，一个万头猪场养 5 只萨能母山羊可以满足全场种公猪的额外补饲需求量；

③青饲料，每头 1 千克 / 天，以叶菜类效果最佳，如韭菜、紫花苜蓿、白菜、苋菜、红薯叶等；

④汤类，用杂鱼煲汤，原料以河中杂鱼，或人工养殖的河蚌肉煨汤，适当配入鸡架、枸杞、山药适量，食盐少许，每头公猪每日喂量可按河鲜加鸡架总重 1 千克为妥。常用此剂公猪精神抖擞，性欲感极强。

（三）营养状况评估

公猪一生大致可以分为 4 个阶段：后备期（6~8 月龄）、青年期（8~18 月龄）、成年期（18~36 月龄）、老年期（36 月龄以上）。不同年龄阶段有其对应的体型标准和营养需求。生产中应根据年龄、季节、体型、采精状况等因素进行公猪营养状况的综合评估。任何阶段的种公猪都要求其体型健壮但不过肥，腹部紧凑，肌肉结实。

一般来说，公猪在冬季的能量需求高于夏季，蛋白质的需求随着公猪年龄的增长而逐渐呈下降趋势，公猪开始采精后对于微量元素如锌、磷、钴、硒的需求比后备时期高，成年和老年公猪由于消化道老化，消化机能降低，饲料中所需粗纤维较青年阶段更多。以公猪的体型变化作为营养需求的第一判定指标，其次是产精能力和精神状态，适时调整饲料配方以及加减喂料量。

（四）营养管理

1. 营养管理的原则

公猪的营养管理主抓三字诀"全、精、变"。"全"即营养全面，由于公猪的主要任务是采精，那么首先必须保证精子生成所需营养元素要足够；其次公猪采精对体能和矿物质元素消耗较大，但使用年限一般 1~3 年，所以对于身体素质的保证也尤为重要。这就要求公猪的营养必须足够全面、足量。"精"体现在营养管理的精细。第一，严格把关饲料原料如玉米、豆粕、麸皮、预混料的品质，做到每次加工前都进行鉴定，在湿度较大或者原料总体品质不高的地区，应该长期在饲料中添加 0.2 % 的非金属离子双极性脱霉剂，避免霉菌毒素造成的影响；第二，按照年龄、体重、采精能力、健康状况四个指标依次将公猪进行定期的圈舍调整，分成 4~5 个群体，对于不同类型的公猪设计不同的营养方案，既做到针对性强，又不浪费饲料；第三，每天检查公猪的采食、饮水和啃咬情况，根据食槽里饲料的残留程度判断公猪的饲料需求量是否有变化，根据饮水次数的多少和声音判定饲料中的盐分含量是否充足或过剩，根据公猪啃咬墙壁或者圈栏判定是否缺乏矿物质。"变"即要根据各种影响因素的改变而及时调整营养方案，不能长期只使用一个配方或者保持统一的喂料量。需要作出饲料调整的情况有：年龄的增长，减少蛋白和能量，增加粗纤维；

发生疫病或免疫期间，增加多维及维生素 C 的摄入；采精间隔缩短，增加喂料量；采精间隔变长，降低喂料量；天气变热，降低能量值，增加蛋白含量；气温偏低，增加能量同时加大喂料量；发生腹泻类传染病时，增加维生素和矿物质的含量；精液变稀薄、活力降低，增加蛋白含量、添加电解多维。

2. 补充营养

公猪不同于一般的生长猪只，严格的饲料要求和全面的营养摄入才能保证良好的供精能力。大中型的公猪站生产，在猪群没有重大变故的情况下，全年对公猪实行规律性的定期采精，那么在日粮之外就应该额外添加营养物质作为补充。常用补充日粮有：鸡蛋、胡萝卜、苜蓿干草、蔬菜瓜果等。鸡蛋含有丰富的蛋白质、磷脂和维生素 A，能够提升精液密度和精子活力，降低畸形率，每日视情况投喂 1~2 个。胡萝卜可以迅速提升公猪的采精量，每日每头采精公猪 500 克。苜蓿干草可以补充各种矿物质，同时防止便秘，每日每头采精公猪 100~200 克。

3. 营养调理

采精公猪一般使用 1~3 年，在日常管理中，应该贯彻"以防为主，减少应激，能调理则不用药"的原则，通过减少对机体的刺激，从而提升公猪的使用效率和使用年限。某些慢性疾病或者异常状况可以通过强化营养，精心的照料而康复，不但可以节省药费，而且对公猪的身体不会造成任何负面影响。运用营养手段进行调理的常用例子是处理公猪性欲低下。

引起公猪性欲低下的原因有很多，如果没有发生明显的疾病，而由以下原因引起：新引种或者公猪圈舍调整造成的不适应；公猪连续采精一段时间后造成机体和精神"疲倦"而引起性欲低下；天气突变，气温突然升高或降低；较长时间没有采精等，那么我们可以通过营养调理等手段进行恢复治疗。第一，根据公猪的体况判定是否有营养缺乏，必须保证公猪的维持需要，体况适中。第二，针对由应激造成的性欲低下，每天加喂鸡蛋 2 个，胡萝卜 1 千克。第三，公猪采食量不够时，将多维、维生素 C、葡萄糖粉溶于水中拌料饲喂。糖、水、料比为 2：5：10。第四，饲喂青绿饲料如鲜嫩多汁的青菜叶，略带甜味的红薯、小南瓜等，不要粉碎直接投喂，便于公猪撕咬玩耍，这样可以提升公猪食欲。第五，加强运动，让公猪呼吸新鲜空气，来回奔跑，每天运动 1 小时，公猪的精神状态会大大提升。第六，加强梳刮工作，饲养人员每天为公猪梳刮体表 20 分钟，促进血液循环和人猪交流。第七，每天将乏情公猪赶到母猪舍与母猪口鼻接触，每次半小时。

三、种公猪的健康管理

（一）免疫和消毒

公猪采精持续时间较长，精液辐射面广，做好免疫工作是保证精液用户正常生产的前提。公猪的免疫应做到全面、严格，并且定期进行抗原抗体和免疫效果检测。

后备猪在 8 月龄开始调教的同时进行免疫注射，必做的疫苗包括：猪瘟、口蹄疫、细小病毒、伪狂犬、乙型脑炎。采精公猪每年定期免疫的疫苗包括：猪瘟（3 月、9 月），口蹄疫（4 月、10 月），乙脑（3 月）。不同种类疫苗的免疫间隔不低于 7 天。根据全群的血清及精液抗原检测结果，确定免疫其他疫苗如萎缩性鼻炎、副嗜血杆菌等。

大多数疫苗对于公猪采精有明显的影响，做疫苗的时候应将猪群分批次进行，为了不影响生产可在公猪采精的当天或者第二天进行免疫，经过 3~4 天的恢复，下一次采精可顺利进行。在免疫期间，饲料或饮水中还可额外添加复合多维，增强公猪的抗应激能力。

公猪站消毒程序分四个部分：常规的圈舍消毒、紧急消毒、圈舍清洗消毒、器械设备消毒。常规的圈舍消毒按一周两次进行，碘、醛或者酚制剂交叉使用。消毒时采用大功率、雾化好的消毒剂喷洒。要求圈舍所有角落以及猪体都要覆盖，喷洒量要适中，以地面略有湿润、用嘴吹气不起扬尘为佳。紧急消毒适用于暴发流行性疫病时，阻断传染源、净化空间环境，根据疫病的种类确定相应的消毒药水，做到消毒力度大，间隔时间短。除了消毒药水，还可使用草木灰、生石灰铺撒接触面等措施。圈舍清洗消毒在有猪只转出后清洗圈舍以备其他猪只转入。无论转出的是否有病猪，在彻底清洗圈栏后一律使用

2%的火碱溶液彻底喷洒，空置1天后再用清水冲洗干净，空栏7天以上方可转入新的猪只。器械、设备消毒针对清洁工具、运输工具、采精栏、假母台等每天1次消毒，使用药水浸泡或手工喷洒。

（二）肢蹄病

公猪肢蹄疾病是导致公猪淘汰最主要的疾病因素。防控肢蹄病的发生对于公猪站的正常生产尤为重要。肢蹄疾病的主要表现为蹄裂、蹄部肿大、蹄匣脱落等而导致公猪不能正常站立或行走。对于肢蹄病应采取预防为主的措施。种公猪要单栏喂养（图2-27）；圈舍地面要有一定的粗糙度，使得公猪既不容易滑倒又不磨损蹄部；定期给公猪修剪过长的蹄甲；做好圈舍清洁卫生，每周至少1次将公猪蹄甲冲洗干净。对于已经发生肢蹄病的公猪，应早发现早治疗，一般采用青链霉素、氨苄西林、水杨酸钠等配合用药，每天1针直至康复。对于不能站立的病猪，要用添加多维和葡萄糖的湿拌料直接投喂到猪嘴里，每天至少4次供给饮水；能够行走的猪只则每天进行户外运动半小时，具有较好的恢复效果。对于仅蹄部出现破损、肿大而影响站立的公猪，每天可用甲紫溶液与碘酒按2：1混合进行全蹄润湿涂抹，无需再注射药物，一般半个月可康复。猪群整体肢蹄部位感染情况较多时，可建一窄通道，用硫酸铜或刺激性小的碘、醛类消毒药水进行蹄部的药浴，有一定的防治效果。

图2-27　种公猪要单栏喂养

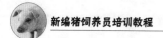

（三）睾丸炎

公猪睾丸炎对精子的生成能力没有显著影响，但会缩短精子的保存时间。引起睾丸炎的病菌有布氏杆菌、乙脑、衣原体、葡萄球菌等，单从睾丸的炎症情况很难鉴别。在睾丸炎发生的初期可冷敷涂鱼石脂软膏或者甲紫+金霉素软膏；比较严重时，局部或全身注射抗生素或磺胺药，普鲁卡因青霉素、青链霉素、头孢菌素、磺胺嘧啶钠等。做好圈舍的卫生工作，完善采精时对包皮和阴茎的消毒从而预防睾丸炎的发生。给未出现破损的睾丸涂抹甲紫、碘酒混合液也有一定的消炎作用。

（四）精液异常

精液异常包括死精、活力低下、密度低或无精虫、颜色异常等。出现死精、活力低下或颜色异常首先应该检查采精环节是否存在污染情况，采精前要将公猪尿液充分挤干净，采精时用手挡住采精杯口防止灰尘进入，保证精液不受污染。精液密度低除了猪自身的原因，同样应检查采精操作是否恰当。成年公猪在完全放松的情况下，射精量可达300~800毫升，采精员的操作如果让公猪不适应，就会出现公猪射精偏少或者没有射出浓精液的情况，部分公猪可以射精200毫升以上却只有很少精虫，造成采精失败。公猪的最适生存温度为10~30℃，超过30℃时会造成明显的热应激，但是公猪对低温应激表现并不明显，即使在0℃的环境也能顺利采精且未发现采精量减少或活力降低的情况。夏季的应做好通风和降温工作，湿帘设备是较好的选择，可二者兼顾。同时，在饲料中按200克/吨的比例添加包被维生素C，增加青绿饲料的用量可减少应激造成的精液异常。疫苗和药物是影响精液质量的另一主要因素。例如猪瘟脾淋苗，注射后两天内采精，公猪的射精量可减少20%~50%。强效驱虫药、某些复合兽药也会给公猪造成强烈刺激，从而导致精液异常。在给公猪进行治疗、药物保健（建议非必要不做）、驱虫、免疫之前应做小范围的安全性测试，避免影响正常供精生产。

（五）种公猪的运动

适当运动是加强机体新陈代谢，锻炼神经系统和肌肉的主要措施。合理的运动可促进食欲，帮助消化，增强体质，提高繁殖机能。

目前多数养猪场饲养的种猪运动量都不够充分，特别是使用限位栏（定位栏）的猪场，运动更少。公猪运动过少，精液活力下降，直接影响受胎率。公猪运动最好在早晚进行为宜。配种期一般每天上下午各运动1次，夏天应早晚进行，冬季应在中午运动，如遇酷热或严寒、刮风下雨等恶劣天气时，应停止运动。配种期要适度运动，非配种期和配种准备期要加强运动。

传统的公猪很少有不配种和肢蹄病的问题，而现代猪场的公猪无性欲和肢蹄病加起来占到种公猪存栏的25%左右。品种的变更固然是原因之一，但最主要的原因是现代公猪缺乏足够的运动。有些猪场的公猪甚至被养在限喂栏里，除了配种之外基本没有运动，这样的公猪衰老很快，一般不到3岁就被淘汰出局。作为原种场加快世代间隔，3岁公猪或2岁公猪有了后代的成绩就可以从原种场淘汰。这种淘汰公猪如果性生理健康依然，可以在商品场继续发挥作用到5岁以上。目前许多原种猪场淘汰的2~3岁公猪由于伤病已无配种能力十分可惜。因此，公猪的保健和运动当引起有关场家的足够重视。

一头性成熟的公猪大约需要多大的运动量才能有效地保证体格强健和性欲旺盛呢？经验说明，每日3 000米的驱赶运动较为合适。此3 000米的路程大约有1 000米的漫步（启动）+1 000米快步（小跑）+1 000米漫步（动松），总计耗时约30分钟。中国传统的养公猪户经常赶公猪走村串户给附近农户的母猪配种，一走就是好几里地，故运动量也足够。半个世纪前的中国传统饲养公猪模式使当时的公猪可以利用到5~10岁。由于人与公猪同时运动，饲养员中也极少有"三高"病例发生，倒是一种人猪和谐共同健康的模式。

驱赶公猪走动和跑动有技术讲究，一般是在早上饲喂前或配种前空腹运动，或者下午太阳落山时，饲喂或配种前也可进行。忌中午烈日当空，饱食或配种后进行驱赶运动。驱赶运动要掌握好"慢—快—慢"三步节奏。公猪刚一出门时就容易猛跑、撒欢，要多加安抚，如给公猪擦痒、梳毛、刷拭背部可使公猪慢慢安静下来，徐徐而行。也可故意将公猪赶至有木桩、树干等路边大目标边，公猪有对路边物体探索性嗅觉辨认、舐啃、擦痒的习性，从而放慢了速度。公猪行程当中1/3路要加快速度，跑成快步或对侧步，使公猪略喘粗气达到一定的运动量。1周岁以下的青年公猪体质强健者可以用袭步疾跑冲刺100~200米，在行程的后1/3路段要控制猪的速度，使之逐步放慢成逍遥漫步，并达到呼吸平稳。此时一般不加人为驱赶，猪在小跑1 000米之后略有疲乏之感会主动放慢步速。公猪在回程路上既要平稳慢行又不可停留，要争取直奔原圈，如果停留时间过长，公猪易起异心，会向配种舍或母猪舍方向奔袭，使局面不易控制。公猪运动通常是单人单猪，专人专猪。切忌几头公猪同时放牧运动（即使这几头公猪是从小一起长大的），更切忌2头公猪对面相逢。如有此事，势必是一山难容二虎，2头公猪中必有1头被咬死，另1头不致残也会有所外伤。在国外为了节省人工，每头公猪栏外设有30米×3米的公猪逍遥运动场，任公猪自行运动玩耍，有一定作用，但成年公猪往往贪睡不动而导致运动量不足。现代猪场有设公猪跑道运动场，使公猪在狭窄通道上自行运动，省人工省力，但存在公猪容易在狭道中睡觉的弊端。

（六）驱虫和刷拭

种公猪的寄生虫病主要有消化道线虫病和体外寄生虫病，如疥螨、虱等寄生虫病，严重影响种猪的生产性能。一年内定期驱虫和消灭螨虫病，公猪每年要驱虫3次，应定期体外杀虫。阿维菌素、伊维菌素、乙酰氨基阿维菌素等驱虫药可以同时驱杀动物体内外寄生虫，具有用量小、疗效高等特点，已经广泛应用于养殖生产中。

公猪最好每天刷拭身体1~2次，夏天给猪经常洗澡，以防止皮肤病和外寄生虫病，并能增加性活动。

（七）防止公猪早衰

种公猪必须有健康的体质，良好的精液和强烈的性机能，才能保证公猪配种能力，延长使用年限。但由于饲养管理不当，或配种技术掌握得不好等原因，常常会使种公猪早期衰退。

1. 早衰的原因

① 配种过早易引起公猪未老先衰。为此必须克服早配，做到适龄配种。

② 饲料单一，青饲料过少，种公猪营养不良或因配种过度，造成公猪提前早衰。为此应利用质量可靠的预混料，以及氨基酸含量齐

全的蛋白质，配制成全价料，并要严格控制配种次数。

③ 长期圈养运动不足，或能量饲料过高，使公猪过肥，性欲减弱，精液品质下降，丧失配种能力。为此要饲喂优质全价料，保证公猪每天做4~8千米的充分运动，以降低膘情，保持旺盛的配种能力。

④ 公母猪同圈饲养存在弊病。由于经常爬跨接触，不仅影响食欲和增长，更容易降低性欲和配种能力，减少使用年限。为此种公猪必须单圈饲养，保持环境安静，免受外界刺激，不使公猪受惊。最好使公猪看不见母猪，听不见母猪声，闻不到母猪味。

2．种公猪的淘汰

种公猪年淘汰率在33%~39%，一般使用2~3年。种公猪淘汰原则：淘汰与配母猪分娩率低、产仔少的公猪；淘汰性欲低、配种能力差的公猪；淘汰有肢蹄病、体型太大的公猪；淘汰精液品质差的公猪；淘汰因病长期不能配种的公猪；淘汰攻击工作人员的公猪；淘汰4分以上膘情公猪。每月统计1次每头公猪的使用情况，包括交配母猪数、生产性能（与配母猪产仔情况），并提出公猪的淘汰申请报告。

四、种公猪的合理利用

（一）中国地方品种的传统利用方式

中国传统养公猪的模式是小农经济的专门化公猪户养猪，通常的公猪户是养一大一小，大公猪游乡串户给附近农户的发情母猪配种，小公猪通常是大公猪的嫡传后代，留作接班。大公猪通常日配1~2头发情母猪，每头母猪通常只配1次，其产仔数亦不少。配种繁忙的季节，老公猪可以日配4头以上，曾有过日配7头全部怀胎的记录。待老公猪数年之后精力衰退时就淘汰换一头年轻公猪。中国地方品种中的老公猪使用年限较长，超过5年者不在少数。

传统公猪配种利用还有更为经济的形式，即小公猪3~4月龄即用于配种，充分利用中国猪种的性早熟。一旦确认母猪怀胎，约4月龄的小公猪立即阉割去势供作肥育商品猪，这样基本省去了大公猪的饲养成本。同时由于3~4月龄的小公猪只有15~18千克重，一把就可以抓在手里放入竹笼或麻袋，乘车乘船时宛如提一个手提箱，运输

十分方便，可以送到较远的农村给母猪配种。

（二）现代公猪的利用方式

现代公猪通常是通过测定本身和父母代日增重、背膘厚、眼肌面积、饲料利用率等后选出的顶级公猪。这些公猪生产性能超群，最优秀的公猪108日龄已达到100千克活重，其料重比只有1.9。但是，性能越优秀的公猪越脆弱，其繁殖性能尤其低下，通常这种公猪在良好的猪舍饲养、运动条件下只能每周配种或采精1~2次。好在这种顶级公猪在1年之后就会被它的儿子取代，这是育种工作争取短世代间隔、大遗传进展的需要，所以顶级公猪需要保持性机能旺盛至少1年以上。

（三）公猪调教

1. 公猪个性差异

公猪调教的第一步是建立人猪亲和关系。必须做到公猪把饲养员当成自己的主人，允许饲养员接近、伴随和采精等操作。由于公猪的个性差异极大，故饲养员的人猪亲和工作务必循序渐进，从给猪抓痒、刷拭开始，逐渐增加语言口令，这对调教采精尤其重要。调教成功的可能性与公猪的攻击性成负相关，故饲养员对公猪的攻击性要明察秋毫。公猪的攻击性与品种有一定关系，但同一品种内差异也很大，就不同品种而言攻击性排序如下：

（1）较强攻击型　杜洛克猪（含白杜洛克猪）、中国华北型猪（八眉猪除外）。

（2）一般攻击型　巴克夏猪、高加索猪、汉普夏猪、皮特兰猪、中国华中型猪的大部分。

（3）较弱攻击型　中国华南型猪的大部分，以文昌猪、桂墟猪为典型；中国江海型猪的一部分，以太湖猪为典型。

2. 后备公猪调教要领

后备公猪的调教是采精的必要前提，调教的成功率高低直接关系到采精工作的开展，提高调教成功率可以大大降低养殖成本。

常规调教公猪的方法是在假母台上涂用发情母猪尿或者公猪副性腺分泌物，引诱公猪啃咬，爬跨。但是这样的调教方法成功率不高，我们可以通过以下方法提高公猪的调教成功率。

（1）活动假母台法 选用一个相对矮小的假母台供训练公猪使用，由于小公猪都有精力不集中，喜欢到处走动的特性，引诱其自行爬跨固定的假母台比较困难，所以利用可随便搬动的假母台有助于调教。一名技术员拉出公猪阴茎后，另一名技术员不断拖动小假母台，将假母台适当朝公猪倾斜，让公猪头部始终对着假母台中部，那么公猪一旦产生射精欲望，会立即爬跨到假母台上，只要爬跨了假母台，那么这头公猪就会训练成功。

（2）背负法 适用于年纪较小，体重较轻的小公猪。一名技术员身披两条以上的麻袋，紧靠固定的假母台蹲下，让小公猪爬跨人的肩膀，拉出阴茎后开始射精时，其他人搂住公猪的腋窝将猪迅速抬上假母台。注意不可抬公猪的前肢，也不能改变公猪射精时爬跨的姿势，如果公猪被抬上假母台后完成了射精过程，那么这头公猪经过强化训练也会调教成功。发情母猪可用来代替人的背负作用，但是适合后备公猪体型的母猪较少而且整个过程操作难度比较大，相对而言不适合大批量调教公猪。

（3）赶猪法 公猪虽然通人性，但是生产中常出现公猪不配合调教的情况。那么，技术员就可以适度的采取强迫性措施。靠墙壁用铁栏杆设置一个公猪不能转身的通道，将假母台固定在中间，驱赶公猪进入通道，堵住退路。技术人员单掌伸开摩擦阴茎根部，拉出阴茎，待阴茎变硬时将公猪赶上假母台。这种方式适用于精力不集中，喜欢啃咬、乱窜或对假母台毫无兴趣甚至对母猪无性欲的公猪。这种方式有一定的危险性，在别无他法的情况下使用。

后备公猪训练时必须有耐心，技术员在引诱公猪的时候嘴里不断模仿公猪发出噜噜的声音，可以提高公猪的兴奋性和注意力，在采精的时候同样非常实用。每头公猪的调教时间不超过40分钟为宜。后备公猪到了训练场所会有一个适应的过程，前10分钟可让其自由活动，熟悉环境。如果公猪比较胆小，可将麻袋盖在猪背上或者用手按压猪背，公猪会轻微受惊而奔跑，跑一段时间就胆大了。第一次采精成功后，连续再采两次即调教成功。

（4）新调教公猪的使用 后备公猪调教时采到的精液经过镜检合格后可少量稀释，进行保存天数测试。完成免疫注射、精液质量合格且保存时间达标的健康公猪才能确定为供精公猪。后备公猪视年龄和体况确定采精间隔，青年猪每 7~10 天一次，这样既不会让公猪"遗忘"，也有利于成年期的供精。

第三节　母猪发情与配种

一、母猪的性成熟与体成熟

（一）性成熟

母猪生长发育到一定时期开始产生成熟的卵子，这一时期称为性成熟。地方品种一般在 3 月龄出现第一次发情，培育品种及杂种猪多在 5 月龄时出现第一次发情，但发情表现没有地方品种表现明显。在正常的饲养管理条件下，我国地方猪种性成熟早，一般在 3~4 月龄、体重 25~30 千克时性成熟，培育品种和国外引进猪种一般在 6~7 月龄、体重在 65~70 千克时性成熟。

（二）体成熟

猪的身体各器官系统基本发育成熟，体重达到成年体重的 70% 左右，这时称为体成熟。体成熟一般要比性成熟晚 1~2 个月。

二、初情期和适配年龄

（一）初情期

初情期是指正常的青年母猪达到第一次发情排卵时的月龄。

母猪的初情期一般为 5~8 月龄，平均为 7 个月龄，但我国的一些地方品种可以早到 3 月龄。母猪达初情已经初步具备了繁殖力，但由于下丘脑 – 垂体 – 性腺轴的反馈系统不够稳定，表现为初情期后的几个发情周期往往时间变化较大，同时母猪身体发育还未成熟，体重为成熟体重的 60%~70%，如果此时配种，可能会导致母体负担加重，不仅窝产仔少，初生重低，同时还可能影响母猪今后的繁殖。因此，不应在此时配种。

影响母猪初情期到来的因素有很多，但最主要的有两个：一是遗传因素，主要表现在品种上，一般体形较小的品种较体形大的品种到达初情期的年龄早；近交推迟初情期，而杂交则提早初情期。二是管理方式，如果一群母猪在接近初情期与一头性成熟的公猪接触，则可以使初情期提早。此外，营养状况、舍饲、畜群大小和季节都对初情期有影响，例如：一般春季和夏季比秋季或冬季母猪初情期来得早。我国的地方品种初情期普遍早于引进品种，因此，在管理上要有所区别。

（二）适龄配种

我国地方猪种初情期一般为 3 月龄、体重 20 千克左右，性成熟期 4~5 月龄；外来猪种初情期为 6 月龄，性成熟期 7~8 月龄；杂种猪介于上述两者之间。在生产中，达到性成熟的母猪并不马上配种，这是为了使其生殖器官和生理机能得到更充分的发育，获得数量多、质量好的后代。通常性成熟后经过 2~3 次规律性发情、体重达到成年体重的 40%~50% 予以配种。母猪的排卵数：青年母猪少于成年母猪，其排卵数随发情的次数而增多。

我国地方性成熟早，可在 7~8 月龄、体重 50~60 千克配种；国内培育品种及杂交种可在 8~9 月龄、体重 90~100 千克配种；外来猪种于 8~9 月龄、体重 100~120 千克。

注意：月龄比体重、发情周期（性成熟）比月龄相对重要些。

三、发情周期、发情行为

（一）发情周期

青年母猪初情期后未配种则会表现出特有的性周期活动，这种特有的性周期活动称为发情周期。一般把第一次排卵至下一个排卵的间隔时间称为一个发情周期。母猪的一个正常发情周期为 20~22 天，平均为 21 天，但有些特殊品种又有差异，如我国的小香猪一个发情周期仅为 19 天。猪是一年内多周期发情的动物，全年均可发情配种，这是家猪长期人工选择的结果，而野猪则仍然保持着明显的季节性繁殖的特征。

发情持续期是指母猪出现发情症状到发情结束所持续的时间。猪的发情持续期为 2~3 天。在发情持续期内，母猪表现出各种发情症状，其精神、食欲、行为和外生殖器官均出现变化，这些变化表现出由浅到深再到浅直至消退的过程。在实践中可以根据这些变化判断母猪的发情及发情的阶段和配种适期。

休情期：指本次发情结束至下次发情开始之间的一段时间。在休情期间，母猪发情症状完全消失，恢复到正常状态。

（二）发情行为

母猪发情行为主要是由于雌激素与少量孕酮共同作用大脑中枢系统与下丘脑，从而引起性中枢兴奋的结果。在家畜中，母猪发情表现最为明显，在发情的最初阶段，母猪可能吸引公猪，并对公猪产生兴趣，但拒绝与公猪交配。阴门肿胀，变为粉红色，并排出有云雾状的少量黏液，随着发情的持续母猪主动寻找公猪，表现出兴奋，对外界的刺激十分敏感。当母猪进入发情盛期时，除阴门红肿外，背部僵硬，并发出特征性的鸣叫。在没有公猪时，母猪也接受其他母猪的爬跨；当有公猪时立刻站立不动，两耳竖立细听，若有所思呆立。若有人用双手扶住发情母猪腰部用力下按时，则母猪站立不动，这种发情时对压背产生的特征性反应称为"静立反射"或"压背反射"，这是准确确定母猪发情的一种方法。

四、母猪的排卵时间

母猪雌激素的水平不仅代表了卵泡的成熟性，而且也通过下丘脑来调节发情行为与排卵的时间。排卵前所出现的LH峰不仅与发情表现密切相关，而且与排卵时间有关。一般LH（黄体生成素）峰出现后40~42小时出现排卵。由于母猪是多胎动物，在一次发情中多次排卵，因此，排卵最多时是出现在母猪开始接受公猪交配后30~36小时，如果从开始发情，即外阴唇红肿算起，在发情38~40小时之后。

母猪的排卵数与品种有着密切的关系，一般在10~25枚。我国的大湖猪是世界著名的多胎品种，平均窝产仔为15头，如果按排卵成活率为60%计算，则每次发情排卵在25枚以上，而一般引进品种的窝产仔在9~12头。排卵数不仅与品种有关，而且还受胎次、营养状况、环境因素及产后哺乳时间长短等影响。据报道，从初情期起，头7个情期，每个情期大约可以提高一个排卵数，而营养状况好有利于增加排卵数，产后哺乳期适当且产后第一次配种时间长也有利于增加排卵数。

五、母猪配种

（一）配种前精液品质的检查和鉴定

精液品质检查的目的在于鉴定精液品质的优劣，以便确定配种负担能力，同时也检查对种公猪饲养水平和生殖器官机能状态，反映技术操作质量，检验精液稀释，保存和运输效果依据。检查精液的主要指标有：精液量、颜色、气味、精子密度、精子活力、酸碱度、畸形精子率等。

检查前，将精液转移到在 37℃水浴锅内预热的烧杯中，或直接将精液袋放入 37℃水浴锅内保温，以免因温度降低而影响精子活力。整个检查活动要迅速、准确，一般在 5~10 分钟内完成。

1. 精液量

后备公猪的射精量一般为 150~200 毫升，成年公猪的为 200~300 毫升，有的高达 700~800 毫升。精液量的多少因猪的品种、品系、年龄和采精间隔、气候以及饲养管理水平等不同而不同。精液量的评定以电子天平（精确至 1~2 克，最大称量 3~5 千克）称量，按每克 1 毫升计。原精请勿转换盛放容器，否则将导致较多的精子死亡，因此，勿将精液倒入量筒内评定其体积。

2. 色泽

正常精液的颜色为乳白色或灰白色，精子的密度越大，颜色越白；密度越小，则越淡。如果精液颜色有异常，则说明精液不纯或公猪有生殖道病变，如呈绿色或黄绿色时则可能混有化脓性的物质；呈淡红色时则混有血液；呈淡黄色时则可能混有尿液等。凡发现颜色有异常的精液，均应弃去不用，同时，对公猪进行对症处理、治疗。

3. 气味

正常的公精液含有公猪精液特有的微腥味。有特殊臭味的精液一般混有尿液或其他异物，一旦发现，不应留用，并检查采精时操作是否正确，找出问题的原因。

4. 酸碱度（pH）

可用 pH 试纸进行测定。一般来说，精液的 pH 偏低，则精子活力较好。生产上通常不用精液的 pH 进行检查，因为精液的酸碱度不可能远离中性。

5. 精子密度

它指每毫升精液中含有的精子数量，它是用来确定精液稀释倍数的重要依据。正常公猪的精子密度每毫升为 2.0 亿~3.0 亿个精子，有的高达每毫升 5.0 亿个精子。精子密度的检查方法有以下几种。

（1）估测法　这种方法不用计数，用眼观察显微镜下精子的分布，精子与精子之间的距离少于一个精子的长度为"密"；精子与精子之间的距离相当于一个精子的长度为"中"；精子与精子之间的距离大于一个精子的长度为"稀"。这种方法简单，但对于不同检查人员而言，主观性强，误差较大，只能对公猪进行粗略的评价，因此，这种评定的方法通常不被采用。

（2）精子密度仪　现代化养猪企业多数采用这种方法，它极为方便，检查所需时间短，重复性好，仪器使用寿命长。其基本原理是精子透光性差，精清透光性好。选定 550 纳米一束光透过 10 倍稀释的精液，光吸收度将于精子的密度呈正比的关系，根据所测数据，查对照表可得出精子的密度。该法测定密度的误差约为 10%，但这个是生产上可以接受的。当然，如果精液有异物，该仪器也将它作为精子来计算，应适当考虑减少这方面的误差。总之，该设备是目前猪人工授精中测定精子密度最适用的仪器。

（3）红细胞计数法　该法最准确，速度慢，其具体步骤为：以微量取样器取具有代表性的原精 100 毫升、3% 的氯化钾溶液 900 毫升混匀后，取少量放入计数板的槽中，在高倍镜下计数 5 个中方格内精子总数，将该数乘以 50 万即得原精液的精子密度，该方法可用来校正精子密度。

6. 精子活力

精子活力有叫精子活率，是指直线前进运动的精子占总精子的百分率。精子活力的高低关系到配种母猪受胎率和产仔数的高低，因此，每次采精后及使用精液前，都要进行活力的检查，以便确定精液能否使用及如何正确使用。在我国精子活力一般采用 10 级制，即在显微镜下观察一个视野内的精子运动，若全部直线运动，则为 1.0

级；有 90% 的精子呈直线运动则活力为 0.9；有 80% 的呈直线运动，则活力为 0.8，依次类推。鲜精液的精子活率以大于或等于 0.7 才可使用，当活力低于 0.6 时，则应弃去不用。评定精子活力应注意以下问题。

① 取样要有代表性。

② 观察活率用的载玻片和盖玻片应事先放在 37℃恒温板上预热，由于温度对精子影响较大，温度越高精子运动速度越快，温度越低精子运动速度越慢，因此观察活率时一定要预热载、盖玻片，尤其是 17℃精液保存箱的精子，应在恒温板上预热 30~60 秒后观察。

③ 观察活率时，应用盖玻片。否则，一是易污染显微镜的镜头，使之发霉；二是评定不客观，因为每次取样的量不同将影响活率的评定。

④ 评定活率时，显微镜的放大倍数要求 100 倍或 150 倍，而不是 400 倍或 600 倍。因为如果放大得过大，使视野中看到的精子数量少，评定不准确。若有条件，可在显微镜上配置一套摄像显示仪，将精子放大到电脑屏幕上进行观察。

7. 精子畸形率

畸形精子指巨型精子、短小精子、断尾、断头、顶体脱落、原生质、头大、双头、双尾、折尾等精子，一般不能直线运动，虽受精能力较差，但不影响精子的密度。精子畸形率是指畸形精子占总精子百分率。若用普通显微镜观察畸形率，则需染色；若用相差显微镜，则不需染色可直接观察。公猪的畸形精子率一般不能超过 20%，否则应弃去。采精公猪要求每 2 周检查一次畸形率。

畸形精子的检查过程如下。

① 取原精液少量，以 3% 氯化钠溶液进行 10 倍稀释。

② 以伊红或姬姆莎为染液，对精子进行染色。

③ 在 400~600 倍显微镜下观察精子形态，计算 200 个精子中畸形精子占的百分率。

所有项目检查完毕，由检验员填写种公猪精液品质检查登记表（表 2-2）。

表2-2　种公猪精液品质检查登记

采精日期	公猪号	采精员	采精量（毫升）	色泽	气味	pH值	精子密度（亿/毫升）	活力	畸形率（%）	总精子数（亿）	稀释后总量（毫升）	稀释液量（毫升）	头份数	检验员	备注

（二）母猪发情鉴定

1. 发情周期与排卵规律

（1）发情周期　正常母猪从一次发情开始到下一次发情开始的间隔时间为18~22天，平均21天，叫发情周期。发情周期分为发情前期、发情期、发情后期和休情期四个阶段。发情持续时间：一般瘦肉型母猪2~3天，地方母猪3~5天。

（2）排卵规律　母猪发情持续时间为40~70小时，排卵时间在后1/3，而初配母猪要晚4小时左右。其排卵的数量因品种、年龄、胎次、营养水平不同而异。一般初次发情母猪排卵数较少，以后逐渐增多。营养水平高可使排卵数增加。现代国外种母猪在每个发情期内的排卵数一般为20枚左右，排卵持续时间为6小时；地方种猪每次发情排卵为25枚左右，排卵持续时间10~15小时。

2. 发情征状

母猪的发情期可分为发情前期、发情期和发情后期。各个阶段的表现如下。

（1）发情前期　母猪兴奋性逐渐增加，采食量下降，烦躁不安，频频排尿；阴门红肿呈粉红色，分泌少量清亮透明液体。

（2）发情期　阴门红肿，由粉红逐渐到亮红，肿圆，阴门裂开，无皱襞，有光泽，流出白色浓稠带丝状黏液，尾向上翘；性欲旺盛，爬栏、爬跨其他母猪或接受其他母猪爬跨，自动接近公猪，按压背部时，安静呆立、耳朵直竖。

（3）发情后期　阴门皱缩，呈苍白色或灰红色，无分泌物或有少量黏稠液体。

（4）休情期　母猪本次发情结束到下次发情开始这段时间。

母猪发情期各阶段的不同表现见表2-3、表2-4、表2-5。

表2-3　阴户表现

项目	发情初期	发情期	发情后期
颜色	浅红-粉红	亮红-暗红	灰红-淡化
肿胀程度	轻微肿胀	肿圆，阴门裂开	逐渐萎缩
表皮皱襞	皱襞变浅	无皱襞，有光泽	皱襞细密，逐渐变深
黏液	无-湿润	潮湿-黏液流出	黏稠-消失

表2-4　触摸阴户手感

项目	发情初期	发情期	发情后期
温度	温暖	温热	根部-尖端转凉
弹性	稍有弹性	外弹内硬	逐渐松软

表2-5　判断母猪表现

项目	发情初期	发情期	发情后期
行为	不安、频尿	拱爬、呆立	无所适从
食欲	稍减	不定时定量	逐渐恢复
精神	兴奋	亢奋-呆滞	逐渐恢复
眼睛	清亮	黯淡，流泪	逐渐恢复
压背反射	躲避、反抗	接受	不情愿

3. 发情鉴定的方法

（1）外部观察法　母猪在发情前会出现食欲减退甚至废绝，鸣叫，外阴部肿胀，精神兴奋。母猪会出现爬跨同圈的其他母猪的行为。同时对周围环境的变化及声音十分敏感，一有动静马上抬头，竖耳静听，并向有声音的方向张望。进入发情期前1~2天或更早，母猪阴门开始微红，以后肿胀增强，外阴呈鲜红色，有时会排出一些黏液。若阴唇松弛，闭合不全，中缝弯曲，甚至外翻，阴唇颜色由鲜红色变为深红或暗红，黏液量变少，且黏稠且能在食指与大拇指间拉成细丝，即可判断为母猪已进入发情盛期。

（2）压背试验查情法　成年健康、经产母猪通常在仔猪断奶后4~7天开始静立发情。发情的母猪，外阴开始轻度充血红肿，若用手打开阴户，则发现阴户内表颜色由红到红紫的变化，部分母猪爬跨其他母猪，也任其他母猪爬跨，接受其他猪只的调情，当饲养员用手压猪背时，母猪会由不稳定到稳定，当赶一头公猪至母猪栏附近时，母猪会表现出强烈的交配欲。当母猪发情允许饲养员坐在它的背上，压背稳定时，则说明母猪已进入发情旺期（图2-28）。对于集约化养猪场来说，可采用在母猪栏两边设置挡板，让试情公猪在两挡板之间运动，与受检母猪沟通，检查人员进入母猪栏内，逐头进行压背试验，以检查发情程度。

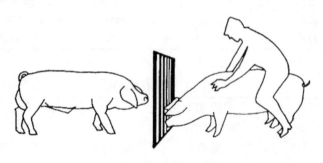

图2-28　发情鉴定

（3）试情公猪查情法　试情公猪应具备以下条件：最好是年龄较大，行动稳重，气味重；口腔泡沫丰富，善于利用叫声吸引发情母猪，并容易靠气味引起发情母猪反应；性情温和，有忍让性，任何情况下不会攻击配种员；听从指挥，能够配合配种员按次序逐栏进行检查，既能发现发情母猪，又不会不愿离开这头发情母猪。如果每天进行一次试情，应安排在清早，清早试情能及时地发现发情母猪。如果人力许可，可分早晚两次试情。我国大多数猪场采用早晚两次试情。

试情时，让公猪与母猪头对头试情，以使母猪能嗅到公猪的气味，并能看到公猪。因为前情期的母猪也可能会接近公猪，所以在试情中，应由另一查情员对主动接近公猪的母猪进行压背试验。如果在压背时出现静立反射则认为母猪已经进入发情期，应对这头母猪作发情开始时间登记和对母猪进行标记。如果母猪在压背时不安稳为尚未进入发情期或已过了发情期。

4．适时配种

（1）理论配种时间

① 母猪的排卵时间。母猪的发情期平均为 3 天左右，排卵发生在发情开始后 36~41 小时，从排第一个卵子到最后一个卵子的时间间隔一般为 6 小时左右。

② 卵子与精子存活时间及精子运动的时间。卵子在输卵管中仅在 8~12 小时内具有受精能力，精子从生殖道运动到受精部位（输卵管）需要 2~3 小时，并且精子在生殖道内存活的时间为 12 个小时左右。

③ 配种时间。根据以上情况推算，适宜的配种时间为母猪排卵前的 2~3 小时，母猪接受公猪配种，出现静立反射后 6~8 小时。

（2）实际配种时间　在实际生产当中，要准确的判断母猪的排卵时间是比较困难的，因此，我们要根据理论配种时间、发情各个时期持续的时间和母猪的外在表现，制定适宜的实际配种时间。配种时，可按以下规律进行。

① 若母猪在断奶 1~3 天就开始发情症状明显，轻轻按压母猪背部即出现静立反应时，则在 10 小时配种，间隔 10 小时第二次配种，间隔 10 小时第三次配种。

② 若母猪在断奶后 4~6 天发情，须 6 小时配第一次，间隔 10 小时进行第二次配种，间隔 10 小时进行第三次复配。

③ 若母猪在断奶后 7 天发情，须立即第一次，间隔 8 小时进行第二次配种，间隔 8 小时进行第三次复配。

5. 母猪配种的方式与方法

配种是提高母猪繁殖力的主要环节，是增加窝产仔数，提高仔猪健壮性，降低生产成本的第一关口。

（1）配种的方式　根据母猪在一个发情期内的配种次数，可分为单配、复配和双重配三种。

① 单配。在母猪的一个发情期中，只用公猪配一次。其好处是能减轻公猪的负担，可以少养公猪，提高公猪的利用率，降低生产成本。其缺点是掌握适时配种较难，可能降低受胎率和减少产仔数。

② 复配。在母猪的一个发情期内，先后用同一头公猪配两次，是生产上常用的配种方式。第一次交配后，过 24 小时再配一次，是母猪生殖道内经常有活力较强的精子，增加与卵子结合的机会，从而提高受胎率和产仔数。

③ 双重配。在母猪的一个发情期内，用血统较远的同一品种的两头公猪交配，或用两头不同品种的公猪交配叫双重配。第一头公猪配种后，隔 10~15 分钟，第二头公猪再配。

双重配的好处，首先是由于用两头公猪与一头母猪在短期内交配两次，能引起母猪增加反射型兴奋，促使卵泡加速成熟，缩短排卵时间，增加排卵数，故能使母猪多产仔，而且仔猪大小均匀；其次由于两头公猪的精液一齐进入输卵管，是卵子有较多机会选择活力强的精子受精，从而提高胎儿和仔猪的生活力。缺点是公猪利用率低，增加生产成本。如在一个发情期内仅进行一次双重配，则会产生于单配一样的缺点。

种猪场和留纯种后代的母猪绝对不能用双重配的方法，避免造成血统混杂，无法进行选种选配。

（2）配种方法　配种方法分为本交和人工授精两种方法。

① 本交。交配场所应选择在离公路较远、安静而平坦的地方，并在公母猪饲喂前、后 2 小时进行交配。配种时应先把发情适期的母猪赶入交配场所，用毛巾蘸 0.1% 的高锰酸钾溶液，洗净母猪阴户、肛门和臀部，然后再把所用公猪赶来。当公猪跨上母猪背部后，同样

用蘸有 0.1% 的高锰酸钾溶液的毛巾洗净公猪的包皮周围及阴茎，这样可减少或防治阴道、子宫感染疾病。然后把母猪尾巴拉向一侧，使阴茎顺利地插入阴道。必要时可用手握住公猪包皮引导阴茎插入母猪阴道。当公猪射精完毕离开母猪后，要用手轻拍或按压母猪腰部，不让母猪弓腰，以免精液倒流出阴道；更要防止母猪卧下和洗冷水澡。然后把母猪赶回原圈休息。公猪配完种后，要让其休息一会儿，再赶回原圈，同样要防止洗冷水澡。配种后要及时做好纪录，以便 21 天左右观察是否又发情，并作为配种后进行正确饲养管理的依据。

② 人工授精。猪的人工授精，是用人工方法把公猪的精液采出来，经过稀释处理，再输入发情母猪阴道和子宫内，使母猪受胎。这是繁殖上一项行之有效的技术措施。其好处是大大提高良种公猪的利用率，加速猪种改良；可以少养公猪，节省养公猪的费用，降低生产成本；解决公、母猪体格大小悬殊、配种困难的矛盾；可以远距离给母猪输精，减少母猪的体力消耗；防治公母猪疫病的相互传播。

6. 母猪人工授精技术

（1）采精公猪的调教

① 先调教性欲旺盛的公猪，下一头隔栏观察、学习。

② 清洗公猪的腹部及包皮部，挤出包皮积尿，按摩公猪的包皮部。

③ 诱导爬跨：用发情母猪的尿或阴道分泌物涂在假畜台上，同时模仿母猪叫声，也可以用其他公猪的尿或口水涂在假畜台上，目的都是诱发公猪的爬跨欲。

④ 上述方法都不奏效时，可赶来一头发情母猪，让公猪空爬几次，在公猪很兴奋时赶走发情母猪。

⑤ 公猪爬上假畜台后即可进行采精。

⑥ 调教成功的公猪在一周内每隔 1 天采 1 次，巩固其记忆，以形成条件反射。对于难以调教的公猪，可实行多次短暂训练，每周 4~5 次，每次至多 15~20 分钟。如果公猪表现厌烦、受挫或失去兴趣，应该立即停止调教训练。后备公猪一般在 8 月龄开始采精调教。

⑦ 注意：在公猪很兴奋时，要注意公猪和采精员自己的安全，采精栏必须设有安全角。

无论哪种调教方法，公猪爬跨后一定要进行采精，不然，公猪很容易对爬跨母猪台失去兴趣。调教时，不能让两头或以上公猪同时在一起，以免引起公猪打架等，影响调教的进行和造成不必要的经济损失。

（2）采精

① 采精杯的制备：先在保温杯内衬1只一次性食品袋，再在杯口覆四层脱脂纱布，用橡皮筋固定，要松一些，使其能沉入2厘米左右。制好后放在37℃恒温箱备用。

② 在采精之前先剪去公猪包皮上的被毛，防止干扰采精及细菌污染。

③ 将待采精公猪赶至采精栏，用0.1%高锰酸钾溶液清洗其腹部及包皮，再用清水洗净，抹干。

④ 挤出包皮积尿，按摩公猪的包皮部，待公猪爬上假畜台后，用温暖清洁的手（有无手套皆可）握紧伸出的龟头，顺公猪前冲时将阴茎的"S"状弯曲拉直，握紧阴茎螺旋部的第一和第二摺，在公猪前冲时允许阴茎自然伸展，不必强拉。充分伸展后，阴茎将停止推进，达到强直、"锁定"状态，开始射精。射精过程中不要松手，否则压力减轻将导致射精中断。

⑤ 收集浓份精液（经验不足时稀稠全收集），直至公猪射精完毕时才放手，注意在收集精液过程中防止包皮部液体等进入采精杯。

⑥ 注意在采精过程中不要碰阴茎体，否则阴茎将迅速缩回。

⑦ 下班之前彻底清洗采精栏。

⑧ 采精频率：成年公猪每周2次，青年公猪每周一次（1岁左右），最好能固定每头公猪的采精频率。

（3）精液的稀释和稀释倍数　稀释之前需确定稀释的倍数。稀释倍数根据精液内精子的密度和稀释后每毫升精液应含的精子数来确定。猪精液经稀释后，要求每毫升含1亿个精子。如果密度没有测定，稀释倍数国内地方品种一般为0.5~1倍，引入品种为2~4倍。

精液稀释应在精液采出后尽快进行，而且精液与稀释液的温度必须调整到一致，一般是将精液与稀释液置于同一温度（30℃）中进行稀释。

（4）精液的保存　为了延长精子的存活时间，扩大精液的使用范围，便于长途运输，稀释后的精液需进行保存。

① 常温保存。在 15~20℃ 室温条件下，利用稀释液的弱酸性环境来抑制精子的活动，减少能耗。而稀释液中的抗生素类药物可以抑制微生物繁衍，减少对精子的危害，使精液得以保存，保存时间为 3 天左右。

② 低温保存。在 0~5℃ 条件下，精子的活力被抑制，降低代谢水平，减少能耗，精子的存活时间得以延长。在低温保存下，0~10℃ 温度范围对精子是一个危险的温度范围区，如果精液从常温状态迅速降至 0℃，精子就会发生不可逆的冷休克现象。所以精液在低温保存之前，需经预冷平衡。其具体做法为：每分钟降温 0.2℃，用 1~2 小时完成降温全过程。此外，在稀释液内添加卵黄、奶类等物质也可以提高精子的抗冷能力。

在农村无冰源条件下，可以采用以下方法制造冷源。

将食盐 40 克溶于 1500 毫升冷水中，加入氯化铵 400 克，装入广口保温瓶内，其温度可以降至 2℃ 左右。如果想长期维持低温，每隔 2 天重新添加一次氯化铵。

将尿素 60 克溶于 100 毫升冷水中，可以降温至 5℃。如果将其溶于冰水中，可以降温至 -5℃。

将贮精瓶包裹结扎盛于塑料袋内，扎好袋口。将贮精塑料袋放于竹筒或竹篮等容器中，再将容器吊沉于井底保存。

（5）输精　刚开始用人工授精的猪场多采用一次本交、两次人工授精的做法，逐渐过渡到全部人工授精。

输精前必须进行精液品质检查，不符合条件的精液坚决倒掉。

生产线的具体操作程序如下。

① 准备好输精栏、0.1% 高锰酸钾消毒水、清水、抹布、精液、剪刀、针头、干燥清洁毛巾等。

先用消毒水清洁母猪外阴周围、尾根，再用温和清水洗去消毒水，抹干外阴。

② 将试情公猪赶至待配母猪栏前（注：发情鉴定后，公母猪不再见面，直至输精），使母猪在输精时与公猪有口鼻接触，输完几头

母猪更换一头公猪以提高公母猪的兴奋度。

③ 从密封袋中取出无污染的一次性输精管（手不准触其前 2/3 部），在前端涂上对精子无毒的润滑油。

④ 将输精管斜向上插入母猪生殖道内，当感觉到有阻力时再稍用力，直到感觉其前端被子宫颈锁定为止（轻轻回拉不动）。

⑤ 从贮存箱中取出精液，确认标签正确。

⑥ 小心混匀精液，剪去瓶嘴，将精液瓶接上输精管，开始输精。

⑦ 轻压输精瓶，确认精液能流出，用针头在瓶底扎一小孔，按摩母猪乳房、外阴或压背，使子宫产生负压将精液吸纳，绝不允许将精液挤入母猪的生殖道内。

⑧ 通过调节输精瓶的高低来控制输精时间，一般 3~5 分钟输完，最快不要低于 3 分钟，防止吸得快，倒流得也快。

⑨ 输后在防止空气进入母猪生殖道的情况下，将输精管后端折起塞入输精瓶中，让其留在生殖道内，慢慢滑落。于下班前集好输精管，冲洗输精栏。

⑩ 输完一头母猪后，立即登记配种记录，如实评分。

补充说明如下。

① 精液从 17℃冰箱取出后不需升温，直接用于输精。

② 输精管的选择：经产母猪用海绵头输精管，后备母猪用尖头输精管，输精前需检查海绵头是否松动。

③ 两次输精之间的时间间隔为 8~12 小时。

④ 输精过程中出现拉尿情况要及时更换一条输精管，拉粪后不准再向生殖道内推进输精管。

⑤ 3 次输精后，12 小时仍出现稳定发情的个别母猪可多 1 次人工授精。

⑥ 全人工授精的做法：母猪出现站立反应后 8~12 小时，用 20 单位催产素一次肌内注射，在 3~5 分钟后实施第一次输精，间隔 8~12 小时进行第二和第三次输精。

（6）输精操作的跟踪分析　输精评分的目的在于如实记录输精时具体情况，便于以后在返情失配或产仔少时查找原因，制定相应的对策，在以后的工作中作出改进的措施，输精评分分为 3 个方面 3 个等级。

站立发情：1分（差），2分（一些移动），3分（几乎没有移动）。

锁住程度：1分（没有锁住），2分（松散锁住），3分（持续牢固紧锁）。

倒流程度：1分（严重倒流），2分（一些倒流），3分（几乎没有倒流）。

为了使输精评分可以比较，所有输精员应按照相同的标准进行评分，且单个输精员应做完一头母猪的全部几次输精，实事求是的填报评分。

具体评分方法：比如一头母猪站立反射明显，几乎没有移动，持续牢固紧锁，一些倒流，则此次配种的输精评分为333，不需求和。

通过报表可以统计分析出：适时配种所占比例，各头公猪的生产成绩如何，各位输精员的技术操作水平如何，返情与输精评分的关系如何。

（7）猪精液稀释液的配制　随着养猪生产的发展和产业化进程的推进。人们对猪人工授精重要性的认识越来越深刻，在现代养猪生产和育种工作中，人工授精正成为一种非常重要的生产途径。近年来，由于大规模、高度集约化现代化畜牧业的出现，更进一步促进了人工授精的应用和发展。我国猪的精液稀释、保存与应用，在20世纪70~80年代已在全国各省区推广应用，并取得了良好的效果。现就猪人工授精的冷冻精液稀释配制技术简介如下，供参考。

① 猪精液稀释液的配制。常用的猪精液稀释液种类有很多，其配方有以下几种。

奶粉稀释液：奶粉9克，蒸馏水100毫升。

葡柠稀释液：葡萄糖5克、柠檬酸钠0.5克、蒸馏水100毫升。

"卡辅"稀释液：葡萄糖6克、柠檬酸钠0.35克、碳酸氢钠0.12克、乙二胺四乙酸钠0.37克、青霉素3万单位、链霉素10万单位、蒸馏水100毫升。

氨卵液：氨基乙酸3克、蒸馏水100毫升配成基础液，基础液70毫升加卵黄30毫升。

葡柠乙液：葡萄糖5克、柠檬酸钠0.3克、乙二胺四乙酸0.1

克、蒸馏水 100 毫升。

葡柠碳乙卵液：葡萄糖 5.1 克、柠檬酸钠 0.18 克、碳酸氢钠 0.05 克、乙二胺四乙酸 0.16 克、蒸馏水 100 毫升，配成基础液，基础液 97 毫升加卵黄 3 毫升。

以上几种稀释液除"卡辅"外，抗生素的用量为青霉素 1 000 单位 / 毫升、双氢链霉素 1 000 微克 / 毫升。

②国外常用的 3 种稀释液的配制。

BL-1 液（美国）：葡萄糖 2.9%、柠檬酸钠 1%、碳酸氢钠 0.2%、氯化钾 0.03%、青霉素 1 000 国际单位 / 毫升、双氢链霉素 0.01%。

IVT 液（英国）：葡萄糖 0.3 克、柠檬酸钠 2 克、碳酸氢钠 0.21 克、氯化钾 0.04 克、氨苯磺酸 0.3 克、蒸馏水 100 毫升，混合后加热使之充分溶解，冷却后通入二氧化碳约 20 分钟，使 pH 值达到 6.5。

奶粉 - 葡萄糖液（日本）：脱脂奶粉 3.0 克、葡萄糖 9 克、碳酸氢钠 0.24 克、α - 氨基 - 对甲苯磺酰胺盐酸盐 0.2 克、磺胺甲基嘧啶钠 0.4 克、灭菌蒸馏水 200 毫升。

第四节　母猪早期妊娠诊断与返情处置

妊娠诊断是母猪繁殖管理上的一项重要内容。配种后，越早确定妊娠对生产越有利，可以及时补配，防止空怀。这对于保胎、缩短胎次间隔、提高繁殖力和经济效益具有重要意义。一般情况下，母猪妊娠后性情温驯，喜安静、贪睡、食量增加、容易上膘，皮毛光亮和阴户收缩。一般来说母猪配种后，过一个发情周期没有发情表现，说明已妊娠，到第二个发情期仍不发情就能确定是妊娠了。

近年来较成熟、简便，并具有实际应用价值的早期妊娠诊断技术主要有以下几个。

一、母猪早期妊娠诊断方法

（一）一般检查方法

1. 公猪试情法

配种后 18~24 天，用性欲旺盛的成年公猪试情，若母猪拒绝公猪接近，并在公猪 2 次试情后 3~4 天始终不发情，可初步确定为妊娠。

2. 阴道检查法

配种 10 天后，如阴道颜色苍白，并附有浓稠黏液，触之涩而不润，说明已经妊娠。也可观看外阴户，母猪配种后如阴户下联合处逐渐收缩紧闭，且明显地向上翘，说明已经妊娠。

3. 直肠检查法

要求为大型的经产母猪。操作者把手伸入直肠，掏出粪便，触摸子宫，妊娠子宫内有羊水，子宫动脉搏动有力，而未妊娠子宫内无羊水，弹性差，子宫动脉搏动很弱，很容易判断是否妊娠。但该法操作者体力消耗大，又必须是大型经产母猪，所以生产中较少采用。

（二）超声诊断法

超声诊断法是利用超声波的物理特性，将其和动物组织结构的声学特点密切结合的一种物理学诊断法。其原理是利用孕体对超声波的反射来探知胚胎的存在、胎动、胎儿心音和胎儿脉搏等情况来进行妊娠诊断。目前用于妊娠诊断的超声诊断仪主要有 A 型、B 型和 D 型。

1. B 型超声诊断仪

B 型超声诊断仪可通过探查胎体、胎水、胎心搏动及胎盘等来判断妊娠阶段、胎儿数、胎儿性别及胎儿状态等。具有时间早、速度快、准确率高等优点，但价格昂贵、体积大，只适用于大型猪场定期检查。

2. 多普勒超声诊断仪（D 型）

该仪器可通过测定胎儿和母体血流量、胎动等做较早期诊断。有实验证明，利用北京产 SCD-Ⅱ型兽用超声多普勒仪对配种后 15~60 天母猪检测，认为 51~60 天准确率可达 100%（图 2-29）。

图2-29　超声多普勒仪检查母猪妊娠情况

3．A型超声诊断仪

这种仪器体积较小，如手电筒大，操作简便，几秒钟便可得出结果，适合基层猪场使用。据报道，这种仪器准确率在75%~80%。试验表明，用美国产PREG-TONE Ⅱ PLUS仪对177头次母猪进行检测，结果表明，母猪配种后，随着妊娠时间增长，诊断准确率逐渐提高，18~20天时，总准确率和阳性准确率分别为61.54%和62.50%，而在30天时分别提高到82.5%和80.00%，75天时都达到95.65%。

除上述方法外，还有激素反应观察法、尿液检查法、血小板计数法、血或乳中孕酮测定法、EPF检测法、红细胞凝集法、掐压腰背部法和子宫颈黏液涂片检查等。母猪早期妊娠诊断方法有很多，它们各有利弊，临床应用时应根据实际情况选用。

二、返情的处置

繁殖母猪发情期进行配种后没有怀孕的现象称为返情。返情率的增加，会导致配种分娩率降低，从而影响养殖户的经济效益。

（一）母猪返情的原因

一是公猪精液质量不合格；二是配种时间不准确；三是母猪病理性及生理性返情。在不同的时间段，母猪返情代表着不同的意义。

1. 正常返情

21 天或 42 天左右，说明发情鉴定准确，但出现受孕失败。此现象的原因可能是：输精后 30 天内的管理应激因素（过度驱赶、注射、混群打斗、舍内持续高温等）；输精倒流过多，授精失败；精液质量不合格；输精时间太早或太迟。

2. 不正常返情

（1）20 天内返情（通常在 18~19 天）的原因　发情鉴定不准确；发情鉴定准确，但母猪的第一次妊娠信号（受精后 9~12 天，受精卵达到子宫）没能建立；发生导致高热的疾病（特别是猪瘟、流感）；也有可能是配种太迟造成的。

（2）24~39 天返情可能的原因　主要就是指配种后的 3~4 周发生问题造成胚胎损失，是非管理因素，可能原因为：疾病所致胚胎吸收或妊娠失败；母猪遗传型的个体差异；泌乳期太短，子宫未能完全恢复。

（3）妊娠中期（45~105 天）的未孕返情　如果未见到确切的流产，则是由于妊娠鉴定的疏漏造成的；如果确切观察到明显的中期流产，则可能是由细小病毒、日本脑炎病毒和流感病毒最为常见的病原体引起的感染，尤其是南方以及北方初夏季节极易出现。

（4）106 天以上的流产或早产　除了管理因素外，应该留意是否有蓝耳病毒感染。

（二）处置

为减少母猪返情率，常见措施有以下几点。

1. 提供合格的精液

精液品质好坏是影响受胎率的主要因素之一。没有品质优良的精液，要想提高母猪的受胎率是不现实的。对精液的品质进行物理性状（精液量、颜色、气味、精子密度、活力、畸形率等）检查，确保精液质量合格。同时，在高温季节到来前调整好防暑降温设备及采取向饮水中添加抗应激药、营养药等措施，以减少热应激对公猪精液品质的影响。

2. 提高配种技术

配种技术人员相关经验不丰富，查情查孕不准，最佳输精时机的掌握欠佳，造成受孕失败，母猪返情。经常培训技术人员以提高发情鉴定、输情时机判断、母猪稳定情况评定、输精等技术。

3.做好猪舍环境卫生

每天清扫猪舍，减少病原微生物的滋生环境，并定期消毒，保证猪舍环境干净卫生。

4.做好种母猪预防保健管理，减少母畜繁殖障碍疾病

为保证母猪有一个健康的体况，必须做好母猪的预防保健工作。尤其做好猪瘟疫苗（2次/年）、猪繁殖与呼吸综合征、猪伪狂犬病、猪细小病毒等会直接或间接地影响母猪怀胎的疾病的预防接种。减少细菌感染机会，特别是人工助产、人工授精、产后护理过程中，由于消毒不严格或动作粗鲁造成的子宫炎症。由于炎症的存在就容易有返情的情况发生，甚至造成屡配不孕。一旦发现母猪子宫炎症，应及时治疗。

5.提高饲料质量，合理调配母猪配种期营养水平

由于玉米霉菌素容易引起母猪假发情现象，因此必须保证母猪的饲料质量，保证母猪有一个健康适宜的体况，以利发情配种。配种前后一段时间，尤其是配种后母猪的饲营养水平的掌握是保证母猪受胎和产仔多少的关键因素。一般配种前一天到配种后的一个月内是禁止高能饲料饲喂的阶段，因为过高的营养摄入将会导致受精卵的死亡、着床失败。适当补充青绿饲料，加入电解多维，以补充维生素的不足。在怀孕后期40天内提高营养水平，保证胎儿健康生长。

第五节　母猪的分娩管理

一、转栏与分娩前管理

（一）转栏和分娩前准备

1.核对配种记录，做好预产期预告

2.产房准备

根据推算的母猪预产期，在母猪分娩前5~10天准备好产房（分

娩舍）。产房要保温，舍内温度最好控制在15~18℃。寒冷季节舍内温度较低时，应有采暖设备（暖气、火炉等），同时应配备仔猪的保温装置（护仔箱等）。应提前将垫草放入舍内，使其温度与舍温相同，要求垫草干燥、柔软、清洁，长短适中（10~15厘米）。炎热季节应防暑降温和通风，若温度过高，通风不好，对母猪、仔猪均不利。舍内相对湿度最好控制在65%~75%，若舍内潮湿，应注意通风，但在冬季应注意通风造成舍内温度的降低。母猪进入分娩舍前，要进行彻底的清扫、冲洗（图2-30）、消毒（图2-31）工作，清除过道、猪栏、运动场等的粪便、污物，地面、圈栏、用具等用2%火碱溶液刷洗消毒。然后用清水冲洗、晾干，墙壁、天棚等用石灰乳粉刷消毒，对于发生过仔猪下痢等疾病的猪栏更应彻底消毒。

图2-30　产房冲洗

图2-31　产房消毒

3. 转栏与母猪清洁消毒

为使母猪适应新的环境，应在产前3~5天，选择早晨空腹前将母猪转入产房，转栏后立即饲喂。若进产房过晚，母猪精神紧张，影响正常分娩。在母猪进入产房前，应对猪体进行清洁或沐浴（图2-32），清除猪体尤其是腹部、乳房、阴户周围的污物，并用高锰酸钾等擦洗消毒（图2-33），以免带菌进入产房。

4. 准备分娩用具

应准备好必要的药品（图2-34）洁净的毛巾或拭布、剪刀、5%碘酊、高锰酸钾溶液、凡士林油，称仔猪的秤及耳刺钳（图2-35）、分娩记录卡等。

图 2-32　猪体的清洁

图 2-33　高锰酸钾擦洗乳房、阴户

图 2-34　准备好必要的药品

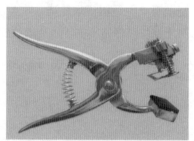

图 2-35　耳刺钳

（二）产前母猪的饲养管理

视母猪体况投料，体况较好的母猪，产前 5~7 天应减少精料的 10%~20%，以后逐渐减料，到产前 1~2 天减至正常喂料量的 50%。但对体况较差的母猪不但不能减料，而且应增加一些营养丰富的饲料以利泌乳。在饲料的配合调制上，应停用干粗不易消化的饲料，而用一些易消化的饲料。在配合日粮的基础上，可应用一些青料，调制成稀料饲喂。产前可饲喂麸皮粥等轻泻性饲料，防止母猪便秘和乳房炎。产前 1 星期应停止驱赶运动和大群放牧，以免由于母猪间互相挤撞造成死胎或流产。饲养员应有意多接触母猪，并按摩母猪乳房，以利于母猪产后泌乳、接产和对仔猪的护理。对带伤乳头或其他可能影响泌乳的疾病应及时治疗，不能利用的乳头或带伤乳头应在产前封好或治好，以防母猪产后疼痛而拒绝哺乳。做好产前值班看护，尤其是夜间。

二、分娩过程

（一）母猪临产征兆

母猪临产前在生理上和行为上都发生一系列变化，掌握这些变化规律既可防止漏产，又可合理安排时间。

在母猪分娩前3周，母猪腹部急剧膨大而下垂，乳房亦迅速发育，从后至前依次逐渐膨胀。至产前3天左右，乳房潮红加深，两侧乳头膨胀而外张，呈八字排开（图2-36）。猪乳房动、静脉分布多，产前3天左右，用手挤压，可以在中部两对乳头挤出少量清亮液体；产前1天，可以挤出1~2滴初乳；母猪生产前半天，可以从前部乳头挤出1~2滴初乳。如果能从后部乳头挤出1~2滴初乳，而能在中、前部乳头挤出更多的初乳，则表示在6个小时左右即将分娩。等最后一对奶头能挤出呈线状的奶，为即将产仔（图2-37）。

图2-36 乳头呈八字排开　　　图2-37 最后一对奶头挤出线状奶

母猪分娩前3~5天，母猪外阴部开始发生变化，其阴唇逐渐柔软、肿胀增大，皱褶逐渐消失，阴户充血而发红，与此同时，骨盆韧带松弛变软，有的母猪尾根两侧塌陷。母猪生产临产前，子宫栓塞软化，从阴道流出。在行为上母猪表现出不安静，时起时卧，在圈内来回走动，但其行动缓慢谨慎，待到出现衔草做窝、起卧频繁、频频排尿等行为时，分娩即将在数小时内发生。

母猪临产前10~90分钟，躺下、四肢伸直、阵缩间隔时间逐渐缩短；临产前 6~12 小时，常出现衔草做窝，无草可叼窝时，也会用嘴拱地，前蹄扒地呈做窝状，母猪紧张不安，时起时卧，突然停食，频频排粪尿，且短软量少，当阴部流出稀薄的带血黏液时，说明母猪已"破水"，即将在 10~20 分钟产仔。在生产实践中，常以母猪叼草做窝，最后一对乳头挤出浓稠的乳汁并呈线状射出作为判断母猪即将产仔的主要症状。

母猪的临产征兆与产仔时间见表 2-6。

表 2-6 母猪临产征兆与产仔时间

产前表现	距产仔时间
乳房潮红加深，两侧乳头膨胀而外张，呈八字排开	3 天左右
阴户红肿，尾根两侧下陷（塌胯）	3~5 天
挤出乳汁（乳汁透亮）	1~2 天（从前排乳头开始）
衔草做窝	6~12 小时
能从后部乳头挤出 1~2 滴初乳，中、前部乳头挤出更多的初乳	6 小时
能在最后一对奶头挤出呈线状的奶	临产
躺下、四肢伸直、阵缩间隔时间逐渐缩短	10~90 分钟
阴户流出稀薄的带血黏液	1~20 分钟

（二）分娩过程

临近分娩前，肌肉的伸缩性蛋白质即肌动球蛋白，开始增加数量和改进质量，使子宫能够提供排出胎儿所必需的能量和蛋白质。准备阶段以子宫颈的扩张和子宫纵肌及环肌的节律性收缩为特征。由于这些收缩的开始，迫使胎内羊水液和胎膜推向已松弛的子宫颈，促进子宫颈扩张。在准备阶段初期，以每 15 分钟周期性地发生收缩，每次持续约 20 秒钟。随着时间的推移，收缩频率、强度和持续时间增加，一直到以每隔几分钟重复地收缩。这时任何异常的刺激都会造成分娩的抑制，从而延缓或阻碍分娩。在此阶段结束时，由于子宫颈扩张而使子宫和阴道成为相连续的管道。

膨大的羊膜同胎儿头和四肢部分被迫进入骨盆入口，这时引起横眼膜和腹肌的反射性及随意性收缩，在羊膜里的胎儿即通过阴门。猪的胎盘与子宫的结合是属弥散性的，在准备阶段开始后不久，大部分胎盘与子宫的联系就被破坏而脱离。如果在排出胎儿阶段，胎盘与子宫的联系仍然不能很快脱离，胎儿就会因窒息而死亡。胎盘的排出与子宫收缩有关。由于子宫角顶部开始的蠕动性收缩引起尿囊绒毛膜的内翻，有助于胎盘的排出。在胎儿排出后，母猪即安静下来，在子宫主动收缩下使胎衣排出。一般正常的分娩间歇时间为 5~25 分钟，分娩持续时间依胎儿多少而有所不同，一般为 1~4 小时。在仔猪全部产出后 10~30 分钟胎盘便排出。胎儿和胎盘排出以后，子宫恢复到正常未妊娠时的大小，这个过程称为子宫复原。在产后几星期内子宫的收缩更为频繁，这些收缩的作用是缩短已延伸的子宫肌细胞。大致在 45 天以后，子宫恢复到正常大小，而且替换子宫上皮。

三、接产

接产员最好有饲养该母猪的饲养员担任。

（一）接产要求

1. 产房必须安静，不得大声吵嚷和喧哗，以免惊扰母猪正常分娩

2. 接产动作要求稳、准、轻、快

3. 消毒

0.1% 高锰酸钾溶液消毒外阴、乳房、后躯（图 2-38、图 2-39）。

图 2-38　乳房消毒　　　　　图 2-39　外阴消毒

母猪产仔时多数为侧卧，当见到母猪腹部努责，全身发抖，阴户流出羊水，两后腿伸直，尾巴向上翘时，即会产出仔猪。在分娩顺利

时，基本每隔 15~20 分钟就产出一头仔猪，仔猪出生时，以头部先出来为多数，约占总产仔数的 60%；臀部先出来的约占总产仔猪数的 40%，这两种胎位均属正常。

（二）接产

1. 铺好麻包（图 2-40）

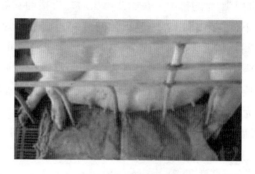

图 2-40　铺好麻包

2. 待母猪尾根上举时，则仔猪即将分娩出（图 2-41）可人工辅助娩出（图 2-42）。

图 2-41　尾根上举，仔猪娩出

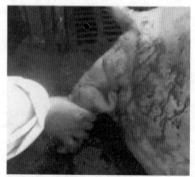

图 2-42　人工助仔猪娩出

3. 一破三擦

胎儿落草后，应尽快地破开仔猪表面的膜（图 2-43），擦净仔猪口、鼻、全身的黏液（图 2-44），以防误咽。

图 2-43　破开仔猪表面的膜

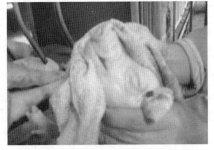

图 2-44　擦净口、鼻、全身的黏液

4.断脐

在距离仔猪腹壁 4~5 厘米处，用右手先将脐带内的血液向仔猪腹部方向挤压，然后用力捏一会儿脐带（图 2-45），再用已消毒的拇指指甲将脐带掐断（图 2-46），这样其断口为不整齐断口，有利于止血。

图 2-45　将脐带血向腹部方向挤压

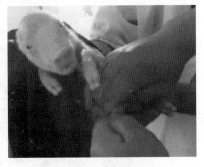

图 2-46　掐断脐带

5.烤干

放入产仔箱内烤干。

6.吃初乳

必须确保出生的仔猪能在 6 小时内吃上初乳。研究表明：初乳中，分娩后的 3 小时：免疫球蛋白下降 30%；6~7 小时：下降 50%；12 小时：下降 70%；24 小时：只有初始浓度的 10%。对于新生仔猪来说，这些特殊的抗体蛋白，新生仔必须吸收，以提供对各种细菌的防御，比如大肠杆菌，新生仔猪吮吸不到足够的初乳会降低其成活的可能性，影响后期的生长均匀度。

初乳除了能提供大量的母源抗体（母源蛋白）外，它富含能量，提供热量。降少了因体表面积比过小，散热大，减少了分解肝糖原的可能，提升仔猪的活力，为后期生长均匀奠定基础。

不论是免疫蛋白还是初乳里的能力物质，他们仅仅能在产后18~24小时内吸收。研究表明：仔猪出生24小时后空肠的上皮细胞通路关闭。为了生存下来，必须保证有足够的初乳被小猪吸收，成功的哺乳管理可保证产后6小时内所有小猪吃到初乳。

①烤干后，将仔猪送到母猪腹下吃初乳（3小时内，这时仔猪吸收初乳中的抗体效果最好）。在喂仔猪初乳前，用1%的高锰酸钾水溶液擦洗母猪乳房乳头。

②大部分健康猪场在出生后会主动寻找母猪的乳头，对于一些健康弱，活力差的仔猪会不知道寻找乳头，这就需要给予人工辅助（图2-47），使仔猪迟早地获得热源基质和免疫力。

图2-47　人工辅助仔猪吃初乳

（三）母猪难产处理

母猪在生产的过程中，发生难产是难以避免，如果处理不当易造成母仔死亡的严重后果。母猪从第一头仔猪产出到胎衣排出，整个产程持续时间2~4小时，产仔间隔时间一般为10~15分钟。由于各种原因致使分娩进程受阻称为难产。准确判断母猪是否难产，直接关系到母仔是否健康，这是进行助产急救的重要前提。

1. 难产判断方法

分娩过程中，出现产仔间隔时间变长并且多次努责，母猪激烈阵缩，仍产不出仔猪。此时母猪呼吸急促，心跳加快，烦躁紧张，可视黏膜发绀等。如果羊水流出超过30分钟，母猪不安或疲劳，精神不振，呼吸加快，就应视为母猪难产（图2-48），应采取助产处理。

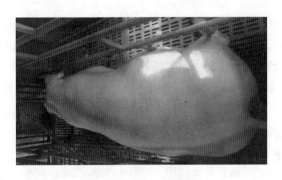

图2-48 难产的母猪

2. 母猪难产的处理原则

母猪在生产时必须有专人看守，当发生难产时采取不同的助产措施，以减少因难产造成的经济损失。助产中要做好"查，变，摩，按，拉，摸，注，牵，掏，输"助产十字方针。

（1）查 即检查难产母猪骨盆腔与产道是否异常，如骨盆狭窄，宫颈狭窄，仔猪无法经过产道就应采取剖腹产。

（2）变 即看到母猪分娩间隔超过30分钟时，把母猪赶起来，变换一下体位，可以帮助胎位不正时体位的纠正。

（3）摩 即分娩时，人可以给母猪乳房按摩，也可以让刚生下的仔猪去吸吮母猪乳房以达到自然按摩效果。这样有利于没产出的小猪快速顺利产出。

（4）按 摸母猪软腰处下方的肚子里是否有未产的仔猪。如肚内有未产的仔猪，会感到有明显凹凸不平，稍用力压时有可移动的硬物。

当看到胎儿按压鼓起时，可顺势按在鼓起的部位，有利于胎儿产出。

（5）拉　当看到母猪努责阵缩微弱，无力排出胎儿，看到胎儿部分露出阴门时，及时拉出胎儿，节省母猪分娩时体力消耗。建议：一定避免手伸到产道里面去拉，以免增加感染的机会。

（6）摸　当助产人员将手伸入产道，若摸到直肠中充满粪球压到产道，可用矿物油或肥皂水软化粪球便于粪便排出；若摸到膀胱积尿而过多挤压产道，可用手指肚轻压膀胱壁，促进排尿；或强迫驱赶该母猪起立运动，促其排尿。

（7）注　对母猪羊水过早排出的，如果胎儿过大，产道狭窄干燥，易引起难产，可向产道注入干净食用的植物油等大量润滑剂，助产人员将消毒过的手伸入产道随着母猪阵缩，缓缓地将胎儿掏出。

（8）牵　若有仔猪到达骨盆腔入口处或已入产道，在感觉其大小、姿势、位置等情况下应立即行牵引术。

（9）掏　若注射催产素助产失败或确诊为产道异常、胎位不正，实施手掏术。产仔无力，应及时掏出胎儿。

术者首先要认真剪磨指甲，用3%来苏尔消毒手臂，并涂上液体石蜡或肥皂，蹲在高床网上产仔栏后面或侧卧在母猪臀后（平面产仔）。手成锥状于母猪努责间隙，慢慢地伸入母猪产道（先向斜上后直入），即可抓住胎儿适当部位（如下颌、腿等），再随母猪努责，慢慢将仔猪拉出。不要拉得过快以免损伤产道。掏出一头仔猪后，可能转为正常分娩，不要再掏了。如果实属母猪子宫收缩乏力，可全部掏出。做过手掏术的母猪，均应抗炎预防治疗5~7天，以免产后感染，影响将来的发情、配种和妊娠。

（10）输　猪的死胎往往发生在最后分娩的几个胎儿，在产出后期，若发现仍有胎儿未产出而排出滞缓时，最好用药物催产如缩宫素。

在助产过程中，要尽量防止损伤和感染产道。助产后应当给母猪注射抗菌药物，以防感染。输液的方案，第一瓶：0.9%生理盐水500毫升 + 头孢噻呋（每千克体重5毫克）+ 鱼腥草注射液（每千克体重0.1毫升）；第二瓶：5%葡萄糖500毫升 + 维生素C（一次量500毫克）+ 维生素B_1（一次量50毫克）。

实在没有办法的情况下，可以使用剖腹产。

需要注意的是，生产母猪处于产道阻塞、胎位不正、骨盆狭窄及子宫颈尚未开放时禁用于催产。有些人想使母猪快速产仔，在母猪子宫颈刚刚张开就大剂量静脉注射缩宫素，这样适得其反。子宫强烈收缩，羊水大量流出，造成产道干燥，仔猪不易产出，严重的仔猪脐带都挤断了，仔猪也不能存活，不打缩宫素，仔猪在母猪肚子里依然用脐带连着母猪，母猪提供氧气仔猪一般也不会造成死亡；也容易造成初乳大量外流，这对仔猪可是最大的浪费，因为初乳中含有大量母源抗体，对增强仔猪抵抗力，减少疾病发生是任何东西都不可以替代的。

（四）假死仔猪的急救

有的仔猪出生后全身发软，奄奄一息，甚至停止呼吸，但心脏仍在微弱跳动（用手压脐带根部可摸到脉搏），此种情况称为仔猪假死。如不及时抢救或抢救方法不当，仔猪就会由假死变为真死。

急救前应先把仔猪口鼻腔内的黏液与羊水用力甩出或捋出，并用消毒纱布或毛巾擦拭口、鼻，擦干躯体。急救的方法如下。

① 立即用手捂住仔猪的鼻、嘴，另一只手捂住肛门并捏住脐带。当仔猪深感呼吸困难而挣扎时，触动一下仔猪的嘴巴，以促进其深呼吸。反复几次，仔猪就可复活。

② 仔猪放在垫草上，用手伸屈两前肢或后两肢，反复进行，促其呼吸成活。

③ 仔猪四肢朝上，一手托肩背部，一手托臀部，两手配合一屈一伸猪体，反复进行，直到仔猪叫出声为止。

④ 倒提仔猪后腿，并抖动其躯体，用手连续轻拍其胸部或背部，直至仔猪出现呼吸。

⑤ 用胶管或塑料管向仔猪鼻孔内或口内吹气，促其呼吸。

⑥ 往仔猪鼻子上擦点酒精或氨水，或用针刺其鼻部和腿部，刺激其呼吸。

⑦ 将仔猪放在40℃温水中，露出耳、口、鼻、眼，5分钟后取出，擦干水气，使其慢慢苏醒成活。

⑧ 将仔猪放在软草上，脐带保留20~30厘米长，一手捏紧脐带末端，另一只手从脐带末端向脐部捋动，每秒钟捋1次。连续进行

30 余次时，假死猪就会出现深呼吸；捋至 40 余次时，即发出叫声，直到呼吸正常。一般捋脐 50~70 次就可以救活仔猪。

⑨ 一只手捏住假死仔猪的后颈部，另一只手按摩其胸部，直到其复活。

⑩ 如仔猪因短期内缺氧，呈软面团的假死状态，应用力擦动体躯两侧和全身，促进仔猪血液循环而成活。

四、母猪产后护理

（一）分娩结束后处理

1. 检查胎衣排出情况

母猪产仔结束后，要注意检查胎衣是否完全排出，当胎衣排出困难时，可给母猪注射一定量的催产素。及时将胎衣、脐带和被污染了的垫草撤走，换上新的备用垫草。

2. 清洗

用温水将母猪外阴、后躯、腹下及乳头擦洗干净。

（二）母猪产后的饲养

1. 母猪产后不能立即饮喂

分娩时体力消耗很大，体液损失多，母猪表现出疲劳和口渴，因此，在产后 2~3 小时，要准备足够的、温热的 1% 盐水，供母猪饮用，也可以喂些温热的略带盐味的麦麸汤。

2. 基本原则

母猪产后要遵循逐步增加饲喂量的基本原则。

母猪分娩后 8 小时内不宜喂料，第 2 天早上给少量流食。如果母猪消化能力恢复得好，仔猪又多，2 天后可将喂量逐渐增加 0.5 千克左右；以后，待到产后 5~7 天后可逐渐达到标准。

（三）母猪分娩后的管理

① 在安排好仔猪吃初乳的前提下，让母猪有足够的休息。

② 及时清理污染物和胎衣。

③ 密切关注母猪变化，如体温、呼吸、心跳、皮肤黏膜颜色、产道分泌物、乳房、采食、粪尿等，如有异常应及时处理。

技能训练

一、猪品种的识别与鉴定

【目的要求】利用多媒体课件、录像带、幻灯片等途径认识和鉴别常见猪的品种，并能复述其突出外貌特征和生产性能。

【训练条件】多媒体课件。

【操作方法】

采用多媒体课件观看和讲解。

1. 主要引入品种猪外貌特征及生产性能特点。

2. 主要地方品种猪外貌特征及生产性能特点。

【考核标准】

能对我国饲养的主要猪的品种外貌特征和生产性能进行识别，并能通过猪的模型和实地观察进行猪的外貌鉴定。

二、母猪发情鉴定

【目的要求】通过现场训练，学会判断母猪最适配种时期。

【训练条件】在规模化猪场寻找一定数量处于发情前期、发情期、发情后期、间情期的母猪，记录本、医用棉签、试情公猪。

【操作方法】发情鉴定人员经过更衣消毒后，带着记录本进入母猪舍，在工作道上逐栏进行详细观察；也可以在该舍饲养员的指导下，重点寻找根据后备母猪年龄推算出来的将要发情的母猪，或是断奶后1周左右的母猪。

【考核标准】

能正确填写母猪发情鉴定表（表2-7）。

表2-7　母猪发情鉴定

栋栏号	母猪品种	母猪耳号	所用方法				鉴定结果
			阴门变化	阴道黏液	试情法	静立反应	

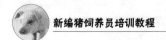

三、猪的人工授精技术

【目的要求】通过本次实训，要求掌握猪的人工授精技术。

【训练条件】公猪1头、待配种猪若干头、假猪台1个、集精杯1~2个、医用纱布、低倍显微镜1台、显微镜保温箱、普通天平1台、500毫升量筒2个、水温计1支、200毫升烧杯5个、新华滤纸1盒、50毫升瓶10个、输精管5根、50毫升注射器2支、玻璃搅拌棒2根、800~1000瓦电炉1台、消毒蒸锅1盒、染色缸、广口保温瓶1个、直刃剪刀1把、试管刷5把、可控保温箱1个、蒸馏水25升、0.1%高锰酸钾溶液、医用乳胶手套、一次性塑料手套、75%酒精、95%酒精、蓝墨水、龙胆紫、3%来苏尔、精制葡萄糖粉、枸橼酸钠、青霉素、链霉素、液状石蜡、洗衣粉、肥皂、面盆、毛巾、脱脂棉等。所有接触精液的器材均应高压消毒备用。

【操作方法】

在猪场现场对发情母猪进行人工授精操作。

【考核标准】

1. 训练的目的明确，原理叙述正确。

2. 材料用具准备齐全。

3. 操作步骤符合规程要求。

4. 分析结果，完成训练报告。

四、母猪妊娠早期诊断

【目的要求】学会母猪早期诊断技术。

【训练条件】配种记录表、配种后3周的母猪、超声波诊断仪1台、植物油、记录本。

【操作方法】

1. 观察法

2. 超声波检查法

无论采取哪种诊断方法，一经确定其妊娠与否，都要做好记录，以便采取相应的饲养管理措施。

【考核标准】

1. 会正确操作仪器。

2. 诊断结果正确。

3.填写早期妊娠诊断结果（表2-8）。

表2-8　早期妊娠诊断结果

栋栏号	母猪品种	母猪耳号	诊断方法		结果
			观察法	超声波检查法	

五、预产期推算

【**目的要求**】通过公式法或查表法，学会预产期推算。

【**训练条件**】母猪配种记录、母猪预产期推算表。

【**操作方法**】

1.公式法

2.查表法

在预产期推算表（表2-9）表头的第一行数字（汉字）中找到配种月份数，在左侧第一列找到配种日期数，垂直相交处为预产日期数，由此向上查找到预产期推算表表头第二行数字（阿拉伯数字），即为预产期的月份数。如2017年2月23日配种，则预产期为2017年6月17日。

表2-9　母猪预产期推算

配种月份 / 生月 生日 / 配种日	一	二	三	四	五	六	七	八	九	十	十一	十二
	4	5	6	7	8	9	10	11	12	1	2	3
1	25	26	23	24	23	23	23	23	24	23	23	25
2	26	27	24	25	24	24	24	24	24	24	24	26
3	27	28	25	26	25	25	25	25	26	25	25	27
4	28	29	26	27	26	26	26	26	27	26	26	28
5	29	30	27	28	27	27	27	27	28	27	27	29
6	30	31	28	29	28	28	28	28	29	28	28	30
7	1/5	1/6	29	30	29	29	29	29	30	29	1/3	31

（续表）

配种月份 生月 生日 配种日	一	二	三	四	五	六	七	八	九	十	十一	十二
	4	5	6	7	8	9	10	11	12	1	2	3
8	2	2	30	31	30	30	30	30	31	30	2	1/4
9	3	3	1/7	1/8	31	1/10	31	1/12	1/1	31	3	2
10	4	4	2	2	1/9	2	1/11	2	2	1/2	4	3
11	5	5	3	3	2	3	2	3	3	2	5	4
12	6	6	4	4	3	4	3	4	4	3	6	5
13	7	7	5	5	4	5	4	5	5	4	7	6
14	8	8	6	6	5	6	5	6	6	5	8	7
15	9	9	7	7	6	7	6	7	7	6	9	8
16	10	10	8	8	7	8	7	8	8	7	10	9
17	11	11	9	9	8	9	8	9	9	8	11	10
18	12	12	10	10	9	10	9	10	10	9	12	11
19	13	13	11	11	10	11	10	11	11	10	13	12
20	14	14	12	12	11	12	11	12	12	11	14	13
21	15	15	13	13	12	13	12	13	13	12	15	14
22	16	16	14	14	13	14	13	14	14	13	16	15
23	17	17	15	15	14	15	14	15	15	14	17	16
24	18	18	16	16	15	16	15	16	16	15	18	17
25	19	19	17	17	16	17	16	17	17	16	19	18
26	20	20	18	18	17	18	17	18	18	17	20	19
27	21	21	19	19	18	19	18	19	19	18	21	20
28	22	22	20	20	19	20	19	20	20	19	22	21
29	23	—	21	21	20	21	20	21	21	20	23	22
30	24	—	22	22	21	22	21	22	22	21	24	23
31	25	—	23	—	22	—	22	23	—	22	—	24

注：出生栏内1/5表示5月1日，1/6表示6月1日，以此类推。例如：1头母猪5月
　　3日配种，预产期是8月25日

【考核标准】

（1）能熟练运用公式法推算母猪预产期，结果正确。

（2）能熟练运用查表法查出母猪预产期。

（3）填写母猪预产期推算结果（表2-10）。

表2-10 母猪预产期推算结果

栋栏号	母猪品种	母猪耳号	配种日期	方法		预产期
				公式法	查表法	

六、接产技术

【目的要求】通过实训，掌握初生仔猪的护理要点，能正确进行仔猪的接产、护理、断脐、剪牙、断尾等方法，熟悉和了解母猪的临产症状、分娩接产及假死仔猪的处理等方法。

【训练条件】临产母猪，碘酒，常规消毒剂等。纱布，毛巾，剪刀，剪牙工具等。

【操作方法】

1.猪分娩的准备工作。

2.观察母猪临产症状。

3.人工接产。

【考核标准】

1.分娩前准备工作充分，所需物品、用具消毒彻底。待产母猪管理正确。

2.母猪临产症状观察细致。

3.人工接产方法正确、操作得当。

4.难产与假死仔猪处理及时有效。

思考与练习

1.简述我国引进的主要品种猪的产地、外貌特征、生产性能。

2.怎么进行后备母猪的选留？

3.种公猪的管理要做好哪些工作？

4. 简述母猪性成熟与体成熟、初情期和适配年龄、发情周期、排卵时间与适时配种时间。

5. 怎么样判断母猪是否怀孕？如何进行母猪早期妊娠诊断？

6. 母猪临产前，饲养员应做好哪些准备工作？

7. 如何判断母猪即将分娩？

8. 假死仔猪如何处置？

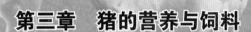

第三章　猪的营养与饲料

知识目标

1. 了解猪对营养物质的需要。

2. 理解常用饲料原料的特点及使用时的注意事项。

3. 掌握各种猪饲料的选择和使用方法。

技能要求

1. 能借助于显微镜，对饲料原料进行识别。

2. 能根据猪的饲养标准，设计简单的全价饲料配方。

第一节　猪的营养需要

一、猪的营养需要

猪的营养需要是指保证猪体健康和充分发挥其生产性能所需要的饲料营养物质数量，可分为维持需要和生产需要。

（一）维持需要

猪仔处于不进行生产，健康状况正常，体重、体质不变时的休闲状况下，用于维持体温，支持状态，维持呼吸、循环与酶系统的正常活动的营养需要，称为维持需要或维持营养需要。

（二）生产需要

猪消化吸收的营养物质，除去用于维持需要，其余部分则用于生产需要。猪的生产需要分为妊娠需要、泌乳、种公猪的营养需要、生长需要几种。

1. 妊娠需要

妊娠母猪的营养需要，系根据母猪妊娠期间的生理变化特点，即妊娠母猪子宫及其内容物增长、胎儿的生长发育和母猪本身营养物质能量的沉积等来确定。其所需要营养物质除维持本身需要外，还要满足胚胎生长发育和子宫、乳腺增长的需要。母猪在妊娠期对饲料营养物质的利用率明显高于空怀期，在低营养水平下尤为显著。据实验：妊娠母猪对能量和蛋白质的利用率，在高营养水平下，比空怀母猪分别提高 9.2% 和 6.4%，而在低营养水平下则分别提高 18.1% 和 12.9%。但是怀孕期间的营养水平过高或过低，都对母猪繁殖性能有影响，特别是过高的能量水平，对繁殖有害无益。

2. 泌乳

它是所有哺乳动物特有的机能、共同的生物学特性。母猪在泌乳期间需要把很大一部分营养物质用于乳汁的合成，确定这部分营养物质需要量的基本依据是泌乳量和乳的营养成分。母猪的泌乳量在整个泌乳周期不是恒定不变的，而是明显地呈抛物线状变化的。即分娩后泌乳量逐渐升高，泌乳的第 18~25 天位泌乳高峰期，到 28 天以后泌乳量逐渐下降。即使此时供给高营养水平饲料，泌乳量仍急剧下降。猪乳汁营养成分也随着泌乳阶段而变化，初乳各种营养成分显著高于常乳。常乳中脂肪、蛋白质和水分含量虽比泌乳阶段呈增高趋势，但乳糖则呈下降趋势。

另外，母猪泌乳期间，起泌乳量和乳汁营养成分的变化与仔猪生长发育规律也是相一致的。例如，在 3 周龄前，仔猪完全以母乳为生，母猪泌乳量随仔猪增大、吃奶量增加而增加；4 周龄开始，仔猪已从消化乳汁过渡到消化饲料，可从饲料中获取部分营养来源，于是母猪产乳量亦开始下降。母猪泌乳变化和仔猪生长发育规律是合理提供泌乳母猪营养的依据。

3. 种公猪的营养需要

饲养种公猪的基本要求是要保证种公猪有健康的体格、旺盛的性欲和良好的配种能力，精液的品质好，精子密度大、活力强，能保证母猪受孕。确定种公猪的营养需要的依据，主要是种公猪的体况、配种任务和精液的数量与质量。能量不能过高或过低，以保持公猪不会过肥或过瘦，而是有适宜的种用体况为宜。营养水平过高，会使公猪肥胖，引起性欲减退和配种效果差的后果；营养水平过低，特别是长期缺乏蛋白质、维生素和矿物质，会使公猪变瘦，每千克饲料的消化能不得低于 12.5~13.5 兆焦，蛋白质应占日粮的 18% 以上，并且注意适当地补充生物性蛋白质，如鱼粉、蚕蛹、肉骨粉或鸡蛋等。非配种季节，饲粮种蛋白质水平不能低于 13%，每千克饲粮的消化能维持在 13 兆焦左右。

4. 生长需要

生长猪是指断奶到体成熟阶段的猪。从猪生产和经济角度来看，生长猪的营养供给在于充分发挥其生长优势，为产肉及以后的繁殖奠定基础。因此，要根据生长猪生长、肥育的一般规律，充分利用生长猪早期增重快的特点，供给营养价值全面的日粮。

二、猪对营养物质的具体需要

猪在不同的生理状况下，所需要的营养物质的数量不同。营养过多不仅浪费饲料，还会给猪身体带来不良影响；过少会影响猪生产性能的发挥，还会影响其健康。

（一）能量需要

猪体内各种生理活动都需要能量，如果缺乏能量，将使猪生长缓慢，体组织受损，生产性能降低。猪所需能量来自饲料中的 3 种有机物质，即碳水化合物、脂肪和蛋白质。其中，碳水化合物是能量的主要来源，富含碳水化合物的饲料，如玉米、大麦、高粱等，都含有较高的能量。一般情况下，猪能自动调节采食量以满足其对能量的需要。但是，猪的这种自动调节能力也是有限度的，当日粮能量水平过低时，虽然它能增加采食量，但因消化道的容量有一定的限度而不能满足其对能量的需要；若日粮能量过高，谷物饲料比例过高，则会出现大量易消化的碳水化合物，引起消化紊乱，甚至发生消化道疾病。同时，日粮中能量水平偏高，猪会因脂肪沉积过多而造成肥胖，降低瘦肉率，影响公、母猪的繁殖机能。

（二）蛋白质需要

蛋白质是生命的基础。猪的一切组织器官，如肌肉、神经、血液、被毛甚至骨骼，都以蛋白质为主要组成成分，蛋白质还是某些激素和全部酶的主要组成成分，蛋白质还是某些激素和全部酶的主要成分。猪生产过程中和体组织修补与更新需要的蛋白质全部来自饲料。蛋白质缺乏时，猪体重下降，生长受阻，母猪发情异常，不易受胎，胎儿发育不良，还会有产生弱胎、死胎，公猪精液品质下降等现象；但蛋白质过量，不仅浪费饲料，还会引起猪消化机能紊乱，甚至中毒。

在猪饲料蛋白质供给上应注意必需氨基酸和蛋氨酸等限制性氨基酸的供给量。饲粮中必需氨基酸不足时，可通过添加人工合成的氨基酸，使氨基酸平衡，提高日粮的营养价值。

（三）脂肪需要

脂肪是猪能量的重要来源。尤其是脂肪酸中的十八碳二烯酸（亚麻油酸）、十八碳三烯酸（次亚麻油酸）和二十碳四烯酸（花生油酸）对猪（特别是幼猪）具有重要的作用。因其不能在猪体内合成，必须由饲料脂肪供给，故又称之为必需脂肪酸。缺乏时会发生生长发育不良现象。此外，饲料中的脂溶性维生素（维生素 A、维生素 D、维生素 E、维生素 K）必须溶于脂肪中，才能被猪体吸收和利用。一般认为，猪日粮中应含有 2%~5% 的脂肪，这不仅有利于提高适口性，利用脂溶性维生素的吸收，还有助于增加皮毛的光泽。

（四）碳水化合物需要

猪饲料中最重要的碳水化合物是无氮浸出物和粗纤维。无氮浸出物主要主要由淀粉构成。

1. 淀粉需要

淀粉主要存在于谷物籽实和根、块茎如马铃薯等中，很容易被消化。淀粉被食入后，在各种酶的作用下，最后转化成葡萄糖而被机体吸收利用。

2.粗纤维需要

猪对粗纤维的消化能力比其他草食家畜要低些，但粗纤维对猪消化过程具有重要意义。粗纤维在保持消化为的稠度、形成硬粪以及在消化运转过程中，起着一种物理作用。同时粗纤维也是能量的部分来源。粗纤维供给量过少，可使肠蠕动减缓，食物通过消化道的时间延长，低纤维日粮可引起消化紊乱、采食量下降，产生消化道疾病，死亡率升高；日粮中粗纤维含量过高，使肠蠕动过速，营养浓度下降，则仅能维持猪较低的生产性能。研究结果表明，仔猪和生长育肥猪日粮中粗纤维含量不宜超过4%，母猪可适当增加，但也不要超过7%。

（五）无机盐需要

无机盐是猪体组织的主要成分之一，约占成年体重的5.6%。无机盐的主要功能是形成体组织和细胞，特别是骨骼的主要成分；调节血液和淋巴液渗透压，保证细胞营养；维持血液酸碱平衡，活化酶和激素等，是保证幼猪生长、维持成年猪健康和提高生产性能所不可缺少的营养物质。

猪所需要的无机盐，按其含量可分为常量元素（占体重0.01%以上）和微量元素（占体重0.01%以下）两种。猪需要的常量元素主要由钙、磷、钠、氯、钾、镁、硫等；微量元素主要有铁、铜、锌、钴、锰、碘、硒等。

猪体内无机盐的主要来源是饲料。据测定，豆科牧草中含有丰富的钙，谷物籽实中含有足量的磷。所以，在正常饲养条件下，均可满足钙、磷的需要量。由于植物性饲料中的钠、氯含量很低。因此必须补充食盐。据测定，猪的常用饲料中富含钾、镁、硫、铁、铜、锌、钴等元素，所以，一般情况下不会发生缺乏症。

（六）维生素需要

维生素是一类低分子有机化合物，它既不能提供能量，也不是动物体的构成原料。饲料中含量甚微，动物需要量极少，但生理功能却很大。维生素的主要功能是调节动物体内各种生理机能的正常进行，参与体内各种物质的代谢。维生素缺乏时，会导致新陈代谢紊乱，生长发育受阻，生产性能下降，甚至发病死亡。猪所需要的维生素，根据其溶解性质分为两大类。一类是溶于脂肪才能被机体吸收的称脂溶性维生素，包括维生素 A，维生素 D、维生素 E、维生素 K 等，在猪日粮中均需从饲料中获得；另一类是溶于水中才能被机体吸收的称水溶性维生素，即 B 族维生素和维生素 C。常用的有 10 种，包括：维生素 B_1（硫胺素）、维生素 B_2（核黄素）、烟酸（维生素 B_3）、维生素 B_4（胆碱）、维生素 B_5（泛酸）、维生素 B_6、叶酸（维生素 B_{11}）、维生素 B_{12}、生物素（维生素 H）和维生素 C（抗坏血酸）。

（七）水需要

水是猪体内各器官、组织和产品的重要组成成分，猪体的 3/4 是水，初生仔猪的机体水含量最高，可达 90%，体内营养物质的输送、消化、吸收、转化、合成及粪便的排出，都需要水分；水还有调节体温的作用，也是治疗疾病与发挥药效的调节剂。实验证明，缺水将会导致消化紊乱，食欲减退，被毛枯燥，公猪性欲减退，精液品质下降，严重时可造成死亡。长期饥饿的猪，若体重损失 40%，仍能生存；但若失水 10%，则代谢过程即遭破坏；失水 20%，即可引起死亡。

正常情况下，哺乳仔猪每千克体重每天需水量为：第一周 200 克，第二周 150 克，第三周 120 克，第四周 110 克，第五到八周 100 克。生长育肥猪在用自动饲槽不限量采食、自动饮水器自由饮水条件下，10~22 周龄期间，水料比平均为 2.56∶1。非妊娠青年母猪每天饮水约 11.5 千克，妊娠母猪增加到 20 千克，哺乳母猪多于 20 千克。

许多因素影响猪对水的需要量。如气温、饲粮类型、饲养水平、水的质量、猪的大小等都是影响需水量的主要因素。所以，养猪必须保证猪只有优质和充足的饮水。

正确的供水方法：料水分开，喂食干料，若用自拌料喂猪，可采用湿拌料，料水比为 1∶（1~1.5），喂后供给足够的饮水。

第二节 猪的饲料

一、常用饲料原料

（一）能量饲料

干物质中粗纤维含量为 18% 以下，粗蛋白质含量在 20% 以下，每千克消化能在 10.46 兆焦以上的饲料均属于能量饲料。

1. 玉米

玉米在我国种植面积大、产区分布广、资源丰富、产量高、用处多，是主要的能量饲料来源，但是玉米蛋白含量低，品质差，常量和微量元素含量也很低，缺乏赖氨酸和色氨酸，不能满足猪的营养需要。生产中以玉米为主要能量饲料配制饲粮时，应补足蛋白含量，补充赖氨酸和色氨酸，特别是玉米不饱和脂肪酸含量高，易于酸败变质，在贮存过程中应注意环境温度和湿度控制。

2. 高粱

高粱也是很重要的能量饲料，高粱与其他谷实类相比，有效能仅次于玉米和小麦，蛋白质含量与其他谷物相似，常量元素和微量元素均不能满足畜禽的营养需要。高粱的种皮含有较多的单宁（平均为 0.38%），具有苦涩味，是一种抗营养因子，可阻碍能量和蛋白质等养分的利用，降低猪的适口性。用高粱喂肉猪或种猪，和玉米没有什么差别，但高粱因为适口性差，在猪日粮中所占比例一般不超过20%，需补加维生素 A 和蛋白质。

3. 大麦

大麦在我国分布很广，该饲料的蛋白质和脂肪酸质量优良，缺乏赖氨酸和胡萝卜素，而且皮厚，含粗纤维较多，大麦是喂猪的好饲料，特别是喂育肥猪，能生产白色硬脂肪的优质猪肉，喂时也需要粉碎，否则不易消化。在猪的饲料中最好不超过 30%，对于幼龄猪最好不超过 10%。

4. 小麦

我国小麦的种植面积和总产量仅次于水稻，小麦的有效能值与玉米、高粱相似，比大麦略高，但粗蛋白质含量高于玉米，矿物元素锰和锌的含量较高，钙、铁、硒的含量较低。小麦喂猪时，须经粉碎后与其他饲料混合饲用效果较好，但在饲料中其配比过多时，则会影响动物的采食量。

5. 糠麸

糠麸饲料是谷实的加工副产品，糠不能为人类食用，主要用作饲料及酿酒等行业的原料，糠麸与玉米比，能量较低，蛋白质含量较高，养分消化率、有效能则比谷实低，糠麸的钙、磷比谷实高，但必需氨基酸，尤其是赖氨酸、蛋氨酸仍为不足。糠麸是 B 族维生素的良好来源，但缺乏胡萝卜素和维生素 D。其微量元素含量比谷实高。在仔猪、生长猪日粮中，一般应控制在 5%~15%（按干物质），如果用来喂育肥猪和母猪，可适当加大比例，可控制在 20% 以下。

（二）蛋白质饲料

蛋白质饲料是指干物质中粗纤维含量在 18% 以下，粗蛋白质含量为 20% 以上饲料，这类饲料的粗纤维含量低，可消化养分多，是配合饲料的基本成分。

1. 大豆饼粕

可分为大豆饼和大豆粕，是我国最常用的一种植物性蛋白质饲料，一般含粗蛋白质 40%~46%，赖氨酸可达 2.5% 左右，色氨酸 0.1% 左右，蛋氨酸 0.38% 左右，胱氨酸 0.25%；富含铁、锌，其总磷中约一半是植酸磷；含胡萝卜素少，仅为 0.2~0.4 毫克 / 千克。

浸提豆粕较机榨豆饼适口性差，饲用后可能引起腹泻现象，经加热处理后再利用。大豆饼粕是猪的主要蛋白质饲料，再加喂少量低含盐量鱼粉等动物性蛋白质饲料和维生素，对猪生长十分有利。

2. 花生饼粕

带壳花生饼含粗纤维 15% 以上，饲用价值低，国内一般都去壳榨油，去壳花生饼所含蛋白质、能量比较高。花生饼的饲用价值仅次于豆饼，蛋白质和能量都比较高，但赖氨酸和蛋氨酸含量不足。花生饼本身无毒素，但易感染黄曲霉而产生黄曲霉毒素，导致畜禽中毒，对猪也有不良影响。

3. 棉籽饼

棉籽饼是提取棉籽油后的副产品，一般含 32%~38% 粗蛋白质，产量仅次于大豆饼粕，是一项重要的蛋白资源。棉籽饼与豆饼相比，其消化能约为豆饼的83.2%，粗蛋白质约为豆饼的80%，其赖氨酸含量为1.48%，色氨酸的含量为0.47%，蛋氨酸含量为0.54%，胱氨酸含量为0.61%。胡萝卜素和维生素D含量较少，磷、铁和锌的含量丰富，但植酸磷含量较高，棉籽仁中含有大量的色素，腺体，其中含有对动物有害的棉酚，棉籽油中含有环丙烯，也是一种有害物质。猪对棉籽饼中蛋白质的消化率达80%左右，消化能为10.88~12.56兆焦/千克。乳猪、仔猪及母猪不能用棉籽饼，但在生长猪和育肥猪日粮中添加4%~6%为宜。

4. 菜籽饼粕

油菜是我国主要油料作物之一，其产量占世界第二位，菜籽饼粕是油菜籽提取油脂后的副产品，榨油后饼粕中油脂减少，一般粗蛋白质在31%~40%。菜籽饼粕赖氨酸含量为1.0%~1.8%，色氨酸含量为0.3%~0.5%，蛋氨酸可达0.5%~0.9%，稍高于豆饼与棉籽饼等，微量元素中含硒、铁、锰、锌也较高，但含铜量较低。

菜籽饼粕含毒素较高，具有苦涩味，影响适口性和蛋白质的利用效果，阻碍猪的生长，因此，未去毒菜籽饼粕的喂量必须控制，一般乳猪、仔猪最好不用，生长猪、育肥猪和母猪可在日粮中添加4%~8%为宜，不会影响增重和产仔，中毒现象也不会发生。

以上四种饼粕是养猪常用的蛋白质饲料，除此之外，在日常养猪日粮中也利用葵花饼、芝麻饼、麻籽饼、酒糟和干豆腐渣等蛋白质饲料，但必需与豆饼粕搭配使用，养猪效果可以得到提高。

5. 鱼粉

鱼粉是优质的蛋白质饲料，不仅蛋白质含量多，而且赖氨酸、含硫氨基酸和色氨酸等必需氨基酸含量均很丰富。鱼粉含粗蛋白质55%~65%，而国产鱼粉粗蛋白质含量为40%~50%，一般质量不稳定，而且粗脂肪和盐的含量偏高，很易酸败变质，急需在工艺及原料等方面改进。在猪的饲料中，特别是仔猪饲料添加适量鱼粉，即能改善日粮结构，平衡日粮，能提高猪的日增重，提高养猪效益。

6. 血粉

血粉是牲畜屠宰的鲜血经过加工而成，其蛋白质含量在70%以上，是优质的蛋白饲料，另外还富含矿物质如铁等。我国血粉资源丰富，而且呈上升的趋势，以四川为最多，其次是山东、湖南、江苏等省。如果采用高温、压榨、干燥制成的血粉，溶解性差、消化率低；而采用低温、真空干燥法制成的血粉或者经过二次发酵的血粉，溶解性好，消化率也高。在猪的日粮中可以添加3%~5%血粉，并与豆饼粕结合，外加氨基酸，也能获得好的效果。

7.肉骨粉和肉粉

它是不能用作食品的畜禽尸体及多种废弃物，经高温、高压灭菌后脱脂干燥制成，含骨量大于10%的称肉骨粉，一般肉骨粉含粗蛋白质35%~40%，并含有一定量的钙、磷和维生素B_{12}，肉粉的粗蛋白质含量为50%~60%，因原料不同和加工方法不同，其营养成分有所变化。

肉骨粉和肉粉主要用作猪、鸡饲料，而蛋氨酸和色氨酸较鱼粉少，因此，饲喂猪时，能与鱼粉搭配或补充所缺氨基酸，可提高饲料利用率，新鲜肉粉和肉骨粉色黄，有香味，发黑而有臭味的不应饲用。

二、添加剂饲料

添加剂饲料是指在饲料生产加工、使用过程中添加的少量或微量物质，在饲料中用量很少但作用显著。饲料添加剂是现代饲料工业必然使用的原料，对强化基础饲料营养价值，提高动物生产性能，保证动物健康，节省饲料成本，改善畜产品品质等方面有明显的效果。

（一）营养性添加剂

营养性添加剂是为了补充饲料营养成分而掺入饲料中的少量或者微量物质。包括饲料级氨基酸、维生素、矿物质微量元素、酶制剂、非蛋白氮等。

1.氨基酸添加剂

在饲料中用来平衡或补足某种特定生产目的所要求的营养性物质。主要有赖氨酸添加剂、蛋氨酸添加剂、精氨酸添加剂、色氨酸添加剂和苏氨酸添加剂。

2.维生素添加剂

它是指在饲料中补充维生素不足的营养性物质。现在已有适于肥育猪用的市售商品复合维生素，又称多维或维生素预混料。

3.微量元素添加剂

它是指天然饲料中补充微量元素不足的营养性物质，分为无机微量元素添加剂、有机微量元素添加剂和微量元素氨基酸螯合物，而无机微量元素添加剂又包括硫酸盐类、碳酸盐类、氧化物、氯化物等。

（二）非营养性添加剂

非营养性添加剂是真正的添加剂，它不是饲料内的固有营养成分。其种类很多，共同点是根据其自身的优势来提高饲料的利用率。根据它们的作用，大致可归纳为四类：生长促进剂；驱虫保健剂；生物活性剂、中草药饲料添加剂、饲料保存剂；其他添加剂。

1.生长促进剂

刺激禽畜生长，增进禽畜的健康，改善饲料利用率，提高生产能力，节省饲料费用的开支。包括抗生素、抗菌药物、激素、酶制剂等。

2.驱虫保健剂

它是重要的饲料添加剂，主要有两类：一类是抗球虫剂，一类是驱蠕虫剂。

3.生物活性剂

包括酶制剂、寡糖、酵母及酵母培养物。

4.中草药饲料添加剂

包括大蒜、艾粉松针粉、芒硝、党参叶、麦饭石、野山楂、橘皮粉、刺五加、苍术、益母草等。

5.饲料保存剂

它指的是抗氧化剂和防霉剂。由于籽实颗粒被粉碎以后，丧失了种皮的保护作用，暴露出来的内容物极易受到氧化作用和霉菌污染。因而，抗氧化剂和防霉剂一直受到饲料厂家的重视。

6.其他添加剂

主要是酸化剂、着色剂、调味剂、黏结剂、乳化剂等。

非营养性添加剂对动物本身没有营养作用，但是可以通过防治疫病，减少饲料贮存期饲料损失、促进动物消化吸收等作用来达到促进动物生长、提高饲料报酬，降低饲料成本，获取更大经济效益之目的，是现代畜牧业中必不可少的。

三、绿色饲料添加剂

使用抗生素、维生素、激素、重金属微量元素等药物，虽然对猪有促进生长、提高肉产量、抵抗疾病、增强机体免疫力的作用。然而，由于科学知识的缺乏或经济利益的驱使，养猪业中大剂量长时间滥用药物的现象普遍存在。滥用药物的直接后果是导致药物在猪肉中的残留，摄入人体后，影响人们的健康。因此，加速推广应用新型饲料添加剂十分必要。

1. 微生态制剂

微生态制剂也称益生素，亦称促生素、竞生素、生菌素、活菌剂等。它们是用动物体内正常的有益微生物，经特殊工艺制成的活菌制剂。其特点是：无毒无害且来源于自然，也不进入体内代谢过程，无残留无污染，是地道的绿色饲料添加剂。有资料显示，作为促长剂使用，可使生长育肥猪增重提高15%，饲料利用率提高10.3%。

2. 甘露糖－寡聚糖

甘露糖－寡聚糖也称低聚糖，是一种非消化性食物成分。进入体内不被机体吸收，只能被肠道有益菌利用，促进有益菌群增殖，刺激肠道免疫细胞，提高免疫球蛋白A的生成。所以，饲料工业称为化学益生素或益生元。据资料报道，在仔猪日粮中添加低聚糖，日增重提高8.7%，饲料报酬提高5.4%。低聚糖类还可作为抗生素用于添加剂的替代品。具有用量少、无毒害、无残留、稳定性强、配伍性好的特点。

3. 酸化剂

有机酸类的柠檬酸、延胡索酸，可提高幼龄猪胃液的酸性，促进乳酸菌等耐酸菌的大量繁殖，而抵抗致病菌的侵入。因此，可降低猪病理性腹泻，提高断奶仔猪的增重和饲料转化率。

4. 中草药制剂

中草药添加剂具有营养、增强免疫、激素样、维生素、抗应激、抗微生物和促进生长等多种功能。可用于个体治疗、群体防治。有报道，在育肥猪日粮中添加 0.16% 的干辣椒粉可增重 14.5%，饲料消耗降低 12.65%。

生产安全猪肉，养殖阶段是重要的一环，核心是饲料的安全性问题。使用"绿色"饲料或天然饲料作添加剂，不会引起猪异常的生理过程和潜在的亚临床表现，还有利于猪正常生长，提高生产效益。用"绿色"饲料生产安全猪肉及产品，将保障人们的身体健康和出口创汇。

第三节　猪的饲养标准和饲料配合

一、猪的饲养标准

（一）饲养标准的含义

1. 简单含义

系指畜禽每日每头需要营养物质的系统、概括、合理的规定，或每千克饲粮中各种营养物质的含量或百分比。

2. 正式含义

饲养标准是用以表明家畜在一定生理生产阶段下，从事某种方式的生产，为达到某一生产水平和效率，每头每日供给的各种营养物质的种类和数量，或每千克饲粮各种营养物质含量或百分比，它加有安全系数（保险系数、安全余量），并附有相应的饲料营养价值表。

（二）营养需要的概念

1. 营养供给量

它是结合生产组织的人为供应量，实质上是以高额为基础，能保证群体大多数家畜需要的营养物质都能满足，并加有安全系数，所以仍有些浪费。

2. 营养需要

系指畜禽最低营养需要量，它反映的是群体的平均需要量，未加安全系数。生产单位可根据自己的饲料情况和畜群种类体况加以适当调整，安排满足其需要量。

（三）定额饲养与饲养定额

1.定额饲养

和饲养标准差不多，它是根据饲养标准和猪群具体情况来确定各类猪群每日所需（食）营养物质的种类和数量，即根据饲养标准来定额，故有的称为"标准饲养"。

2.饲养定额

系指把已确定的营养物质种类和数量的需要量定到某一具体的猪群身上，即饲养定额。

（四）饲养标准的作用

饲养标准的提出及其在生产实践中的正确运用，是迅速提高我国养猪生产和经济、合理利用饲料的依据，是保证生产、提高生产的重要技术措施，是科学技术用于实践的具体化，在生产实践中具有重要作用。

合理的饲养标准是实际饲养工作的技术标准，它由国家的主管部门颁布，对生产具有指导作用，是指导猪群饲养的重要依据，它能促进实际饲养工作的标准化和科学化。饲养标准的用处主要是作为核计日粮（配合日粮、检查日粮）及产品质量检验的依据。通过核计日粮这个基本环节，对饲料生产计划、饲养计划的拟制和审核起着重要作用。它是计划生产和组织生产以及发展配合饲料生产，提高配合饲料产品质量的依据。无数的生产实践和科学实践证明，饲养标准对于提高饲料利用效率和提高生产力有着极大的作用。

二、饲料配方设计

（一）猪的饲料配合

猪的饲料配合首先是根据猪对各种营养素的需求量，即"饲养标准"，和猪常用饲料的营养成分和营养价值表，结合当地饲料资源来进行。只要不受体积的限制，猪都能获得每日所需的能量和各种营养素，只不过是采食量不同而异。饲料配合要遵循以下原则。

1.选用适宜的饲养标准和饲料成分表

我国已经有的饲养标准，可以参照使用，如地区性有标准则可用地区的标准，如国内没有标准的畜禽种亦可参考国外的标准，并通过饲养实践中畜禽生长发育及生产性能等反映酌情修正，灵活使用。

2. 营养水平要适宜

因猪生长快，瘦肉率高，要求营养水平较高，在配猪料时，要使各营养之间达到平衡，其中要特别注意必需氨基酸的平衡，才能收到良好的效果。

3. 猪的采食量与饲料体积大小的关系

若配料体积过大，猪往往吃不完，若体积过小，则又吃不饱。

4. 控制饲料粗纤维含量

乳仔猪不超过 4%，生长育肥猪不超过 6%、种猪不超过 8%，否则影响猪对饲料利用率。

5. 饲料的适口性

适口性好的饲料多用些，差的少用些。

6. 发霉变质、有毒性的饲料

发霉变质、有毒性的饲料不能用作饲料，否则影响猪的生长和饲料利用率。

7. 饲料要优质价廉

在市场上有竞争能力。配料时既要考虑用户心理和生产实际，又要提高产品档次，既要降低生产成本，又要注重生产水平和经济效益。

8. 饲料多样化

做到多种饲料合理搭配，以发挥各种物质的互补作用，提高饲粮的利用率和营养需要。

（二）饲料配合的方法

饲料配合方法有许多种，如方块法、联立方程式法、矩阵法、试差法、电子计算机法（程序法），尽管有时每种方法计算有所混淆，如果做得正确，最后结果都是接近的，即能经济（最低成本）提供一种理想的比例合适的营养物质平衡和满足需要量的配方来。但是更为重要的，在于获得最大的纯利润（净利）。

现举例说明试差法饲料配合方法，供参考。

试差法又叫试差平衡法。该方法是先按饲养标准规定，根据饲料营养价值表,粗略地把选用的饲料原料进行试配合,计算其中的各种营养成分,然后与饲养标准相比较,对过多和不足的营养成分进行增减调整,并计算其中的营养成分,再与饲养标准作比较,再调整,再计算,直至最后完全满足营养需要规定为止。其具体步骤如下。

① 查出饲养标准,列出猪的营养物质需要量。

② 确定所用饲料种类、查饲料营养成分及营养价值表,列出所用各种饲料的营养成分及含量。

③ 初步确定出所用各种饲料中的大致比例,并进行计算,得出初配饲料计算结果。

④ 将计算结果与饲养标准比较,依其差异程度调整配方比例,再进行计算、调整,直至与饲养标准接近一致为止。

第四节　饲料的选择与使用

一、配合饲料

(一)配合饲料

全价配合饲料简称配合饲料,是一种根据畜禽动物的不同品种、生长阶段和生长水平对各种营养成分的需要量和不同动物的消化生理特点,把多种饲料原料和添加剂成分按照规定的加工工艺配制成均匀一致、营养价值完全的饲料产品。其所含的营养成分的种类和数量均能满足各种动物的生长和生产的需要,达到一定的生产水平。只有这样的饲料产品才能称为配合饲料或全价配合饲料。而随意地将几种饲料和其他成分粉碎,混合在一起所生产出来的饲料产品是不能成为配合饲料的。

(二)配合饲料的原料

凡可以作为饲料的东西,均可作为配合饲料的原料,配合饲料的原料应具备以下条件。

① 水分含量在 14% 以下,水分含量过高,造成原料霉变、发芽等情况,不宜贮存。

② 营养物质含量丰富，动物性来源、植物性来源或矿物性来源的配合饲料原料，营养物质应符合不同动物的营养需要，易于被动物吸收利用。

③ 不含霉烂变质物质，任何发霉变质的饲料都不能用来进行配合饲料的生产。

④ 有毒有害物质含量少，如棉籽饼粕的棉酚，菜籽饼粕中的硫代葡萄糖苷，大豆中的皂角苷、胰蛋白酶抑制因子，花生饼粕中的黄曲霉毒素等，经过适当的加工和脱毒处理后，所含抗营养因子和毒素低于国家饲料工业卫生标准，则可作为配合饲料的原料。

⑤ 粗纤维含量要适当，粗纤维含量过高的饲料不易做猪饲料，这种饲料体积大、能量低，如果作为配合饲料的原料，则不能满足动物对能量和蛋白质的需要。

（三）配合饲料的加工

1. 配合饲料的优点

（1）提高生产性能，缩短猪的育肥期　配合饲料是根据猪的营养需要、采用科学配方，生产的全价饲料。猪喂配合料后、出生 6 个月体重可达 90 千克以上，比过去喂混合料育肥期缩短 1/3。

（2）节约粮食，合理地利用饲料资源　配合饲料不仅可以最大限度地利用粮油加工、食品加工的副产品，以及工艺下脚料，而且可以添加一些非营养性的添加剂。按猪的营养需要进行科学配合，这样，可以充分地合理利用各种饲料资源，节约粮食，降低成本，增加经济效益。

（3）使用方便、节省配料设备和人力　配合饲料可直接饲喂，或稍加调配即可使用，又易于保管贮存，降低保管和运输费等。

（4）饲用安全，有利于猪的健康　配合饲料厂设有预混搅拌设备，可以基本保证微量成分（维生素、微量元素、促生长剂）混合均匀，即提高饲料效率，又起到对猪的促生长和保健作用。

（5）便于机械化饲喂　配合饲料一般是粉料和颗粒料，便于机械化饲喂，有利于现代化的集约封闭式养猪场的大规模生产，还可以保证商品质量。

2. 配合饲料的类型

配合饲料的种类很多，一般是按营养成分可分为以下几类。

（1）复合预混合饲料　复合预混合饲料又称添加剂预配料或预混料，是由一种或多种营养性添加剂（如氨基酸、维生素、微量元素）和非营养性物质添加剂（促生长剂、保健剂、抗氧化，防霉剂等）与某种载体，按配方要求比例均匀配制的混合料，这部分虽然是微量，是猪全价配合饲料的精华。一般在配合饲料中添加量 0.5%~3%。但作用非常大，具有补充营养、促进猪的生长、繁殖、防治疾病、保护饲料品质、改善猪的产品质量等作用。

（2）浓缩饲料　浓缩饲料又称蛋白质补充饲料，是由蛋白质饲料、复合预混合饲料，如果复合预混合饲料中不含有钙、磷、盐，那么还需要加上钙、磷和食盐，按一定比例配制成均匀的混合料，猪的浓缩料要求含粗蛋白质 30% 以上，矿物质和维生素的含量也高于猪配合料标准的 3 倍以上。因此，浓缩料不能直接喂猪，应按一定比例与用户能量饲料搭配后才能喂猪。目前饲料市场已放开，各地以及各大型养猪场都购进小型饲料的加工设备，具备浓缩饲料与能量饲料的加工能力，因此，生产浓缩饲料不仅可以减少能量饲料运输及包装方面的耗费，又能方便用户、弥补用户非能量养分短缺问题，使用方便，应大力提倡。

（3）全价配合饲料　全价配合饲料是指能满足猪所需要的全部营养的配合料，这类配合饲料是按饲养标准规定的营养需要配制的，可以直接喂猪。大型饲料加工厂设备齐全（包括质检化验），可以按猪的营养需要量，制定优良配方，可直接加工全价配合饲料，直接销售养猪用户。小型饲料厂不具备化验设备，可以采用复合预混合饲料，加上蛋白质饲料（豆粕、棉籽饼、菜籽饼、鱼粉等），加上能量饲料（玉米、次粉、麸皮）。如果复合预混料里不含有钙、磷、食盐，需另加钙、磷、食盐，根据猪的营养标准，按着一定比例，加入搅拌机混合均匀而成全价配合饲料。

二、全价配合饲料的选择

目前国内全价配合饲料厂家非常多，在选择厂家时要考虑以下几个方面。

第一，看质量。养殖户在选择哪个品牌的饲料时，首先会考虑其产品质量。配合饲料厂家众多，产品质量也良莠不齐，首先应该考虑规模较大的配合饲料厂，大型配合饲料厂一般生产设备和生产工艺比较先进，产品质量从硬件上能够得到基本的保证。同时，大型饲料厂信誉度高，有着专业品控队伍，对质量要求比较严格，产品品质较好。

第二，看距离。因为全价配合饲料使用量大，因此饲料厂的生产量和销售量也大，这就存在一个生产及时且送货方便的问题，所以应该尽量选择在当地设厂的公司。如果饲料厂离养殖场距离太远，会造成运输成本增加，导致产品价格提高，或者同等价钱的饲料其质量要相对差一些，遇到紧急情况送货可能也不够及时。

第三，比价格和质量。养殖户一般都要求在保证产品质量的同时，价格越低越好，即要求饲料质优价廉，这其实存在一定的隐患，价格要求越低，其质量可能就得不到保证，因此不能过分注重价格，更不能只使用最便宜的饲料，俗话说"一分钱，一分货"，一定要综合判断，在价格和质量上有所取舍。

第四，比服务。现在饲料厂不仅是在卖产品，更是在卖服务，因为在猪的饲养过程中，养殖户会遇到一些饲养技术问题或猪发病现象，因此一定要考虑饲料厂家的售后技术服务。饲料厂的专业技术服务是饲料产品最重要和最实用的一项附加值，好的服务就等于给养殖买了一份保险。选择饲料售后服务好、技术强的厂家，可以让饲料产品发挥最佳效果的同时，还能带来先进的生产理念和养殖技术，提高猪场的养殖技术水平，消除猪场对疾病的担忧，从而降低养殖风险和综合成本。因为饲料厂的销售人员一般对猪的价格都比较关注，他们交往的人员和联系的业务也较广，与饲料厂人员多沟通，也可以拓宽猪的销售渠道，让猪卖个好价钱，实现猪场效益最大化。

总之，选择哪个饲料厂家，最终看的是总体养殖效益，猪场可以对各个厂家的饲料进行饲养试验，在使用过程中留心观察猪的生长情况和发病情况，通过试验结果进行比较，最终选择性价比最高的厂家。

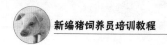

三、浓缩料的挑选和使用

科学地挑选好浓缩料在平时就要多注意观察：选择好浓缩料的品牌，同时要多注意产品的说明书及产品是否有合格证、是否有注册商标、产品标签等。

目前，我国生产的浓缩饲料品种不少，质量也有差别，有的甚至是不合格的伪劣产品。因此，一定要选购产品质量可靠的厂家生产的浓缩饲料。同时应根据猪的品种、用途、生长阶段等选购相应的产品，不能把其他动物用的浓缩饲料用于猪，也不能把种猪的浓缩饲料用于生长育肥猪。

根据国家对饲料产品质量监督管理的要求，凡质量可靠的合格浓缩饲料，必须要有产品标签、说明书、合格证和注册商标。只有掌握这些基本知识，才不会上当受骗。此外，一次购买的数量不宜过多，以保证其新鲜度和适口性。

（一）选购浓缩料时应注意的问题

1. 正确认识浓缩料的质量

浓缩料的质量优劣决定上述组分中原料质量的优劣和配比是否符合不同阶段猪生长、生产所需的营养需要。但目前许多农户在购买浓缩料时，单纯把饲料中有无鱼粉，作为鉴别其质量好坏的标准。当然，鱼粉是优质的蛋白质原料，但绝不是维持高产的唯一特效剂。片面认为有鱼粉的饲料质量就好，无鱼粉的饲料质量就是差的看法，是一种认识上的偏见，况且目前因鱼粉价格昂贵，配合饲料正趋向于无鱼粉化。只要其中含有足量的有效成分即可达到预期的饲喂效果。

2. 正确认识浓缩料的价格

有的养殖场户为了盲目追求效益，片面认为价格高是厂家为了谋取更多利润，而选购价格相应较低的所谓"经济料"，来降低饲养成本，以企望提高效益。殊不知这种只问售价，而不注重质量，特别是盲目使用"经济料"的养殖场户，不仅未能获得预期效益，而造成不应有的经济损失。所以，养殖场户使用饲料时，既要正确认识饲料的价格，也要注重饲料的质量。为保证选购到质优价廉的浓缩料，最好购买大型正规化饲料厂生产的名牌产品。

3.要根据养殖对象选购饲料

不同的猪品种，不同的生长发育阶段和不同生产用途，对各项营养成分需要的差异极大。如蛋鸡料中所含的蛋白质和钙磷比例比其他类的饲料要高。若用蛋鸡料喂猪，既浪费了高蛋白饲料，增加了养猪成本，且易引起猪的钙磷代谢紊乱，造成消化不良而引起生长缓慢。反之，若用育肥猪料养蛋鸡，则既不能满足蛋鸡对蛋白质与磷钙的需要，出现产蛋减少或停产，还可引起产软壳蛋、啄蛋等异食恶癖。所以，养殖场户选购时，要首先了解产品的性能、适用对象等情况，然后再结合自己饲养的猪品种、生长阶段、生产用途等实际对号入座，切忌不分青红皂白地见料就用。

4.购时要做到"三看一捏"，以购买到新鲜的真饲料

即选购浓缩料时要做到一看包装袋上是否印有饲料标签所规定的内容，其内容是否完全可靠，以及外包装袋的新旧程度，名牌产品也不例外，若外观陈旧、毛糙、字迹图形褪色、模糊，说明产品贮存过久或转运过多，或者是假冒产品，不宜购买。二看包装缝口线路及合格证标签与说明，要特别注意出厂日期，宜选购包装严密、缝合良好完整和近期生产的产品。过期产品，营养会有所损失。三看产品颜色的色度是否一致，有无稻壳、麸皮等物质。一捏，即选购时，对购整包者，可先用手捏缝口内及包装的四角。若感觉不松散，有成团现象，可能是贮存过久或运输途中被水淋湿，不宜购买；若零购时，可用手捏一把，正常时松开手即自然松散，出现手松后不散或轻重成团块现象，说明水分含量过高，易发霉变质，不要购买。同时注意一次不要购得太多，以免存放时间过长而变质。

（二）使用浓缩料应注意的事项

1.正确配比稀释

浓缩料必须与一定比例的能量饲料配合后，才能饲喂。使用时加过量的能量饲料，就会使饲料质量营养指标达不到标准，导致饲喂效果差；若按配比加入能量饲料的同时，又额外补加豆粕等蛋白质原料，虽使一些营养指标超过了标准，但又破坏了营养平衡；或者超量添加浓缩料，降低能量饲料的比例，均不能产生预期效果。所以，使用浓缩料时，一定要参照产品说明书推荐的比例正确稀释，才能达到

配合后营养平衡，也才会产生预期效果。但在生产实践中，往往所推荐的常用饲料原料与养殖场户自产饲料原料不相符，这就需要自己能够计算配合比例。通常都采用简单且易掌握的对角线法。现以 20~60 千克体重的生长育肥猪为例，说明这种计算方法。

例如，养殖户已购入含粗蛋白质 38% 的猪用浓缩饲料，并有自产的玉米、小麦麸、糠饼三种饲料原料，这三种饲料原料配合比例计算方法和步骤是：第一步，确定配合饲料营养水平，生长肥猪营养需要为，消化能 12.9 兆焦 / 千克饲料，粗蛋白质 15%；第二步，列出自有饲料原料营养成分含量；第三步，根据当地饲料原料和以往经验，初步确定浓缩饲料的大概配比，大约为 20%，然后计算出要配的能量饲料的消化能。

2. 避免重复使用添加剂

一般浓缩料均含有微量元素、维生素和防病保健添加剂，使用时不需再添加。若要另加也要添加其产品中未含有的成分。

3. 必须混合均匀

浓缩饲料在全价配合饲料中的比例一般不超过 35%，大量料是能量饲料，若与能量饲料混合不均匀，猪吃少导致营养不良，吃多了又会引起营养过剩，所以，稀释浓缩时，应采用逐步多次稀释法混合均匀再用。

4. 注意生料干喂或拌潮后即喂，切忌加热处理

浓缩料与能量饲料混合后，便成为全价配合饲料，使用时应生料干喂或拌潮后即喂，不必作任何处理，若把饲料煮熟后再喂或者发酵后饲喂，就会使其中的营养成分遭受破坏，而降低饲料报酬。所以，使用浓缩料应生喂。

四、预混料的选择使用

预混料中含有猪生长发育所必需的维生素、微量元素、氨基酸等营养成分及药物等功能性添加剂，规格大多为 1%~5%，养殖户购回后，只需按照推荐配方，选用优质原料，经过粉碎、混合，即成为全价饲料。只要将其合理使用，预混料自配料就可保证饲料质量，同时降低生产成本，取得良好的效果。

（一）营养标准的选择

规模养殖场在使用预混料时，可以根据标签的推荐配方进行配制饲料，但这样配制的饲料配方成本一般较高，因此可以让预混料厂家技术人员根据猪场情况和当地原料来源设计符合本猪场的饲料配方。如果猪场自己有专业配方人员，可以自己制作配方，制作饲料配方的第一步就是选择猪的营养标准。根据所养猪的品种选择相应的营养标准。目前在养猪生产实际中常采用的营养标准有美国的 NRC 标准、法国的 ARC 标准及中国地方品种猪标准等。猪场应该根据所养猪的品种进行选择，也可以根据猪的体况或季节进行细微的调整。

（二）配料过程控制

1. 严把原料质量关

禁止使用发霉变质原料；不要使用水分超标的玉米；严禁使用过期浓缩料或预混料。

2. 原料称量要准确

采用人工称量配料，称量是配料的关键，是执行配方的首要环节。称量的准确与否，对饲料产品的质量起至关重要的作用。要求操作人员一定要有很强的责任心和质量意识，否则人为误差很可能造成严重的质量问题。在称量过程中，首先要求磅秤合格有效。要求每周由技术管理人员对磅秤进行一次校准和保养，每年至少一次由标准计量部门进行检验；其次每次称量必须把磅秤周围打扫干净，称量后将散落在磅秤上的物料全部倒入下料坑中，以保证原料数据准确；第三切忌用估计值来作为投料数量。

每种物料因为添加比例不同，其称量精确度要求也不一样，大致要求称量误差在 4% 以内。

3. 原料粉碎粒度要合适

粉碎机是饲料加工过程中减小原料粒度的加工设备。应定期检查粉碎机锤片是否磨损，筛网有无漏洞、漏缝、错位等。粉碎机对产品质量的影响非常明显，它直接影响饲料的最终质地和外观的形状。操作人员应经常注意观察粉碎机的粉碎能力和粉碎机排出的物料粒度。

该项技术的关键是将各种饲料原料粉碎至最适合动物利用的粒度，使配合饲料产品能获得最大饲料饲养效率和效益。要达到此目的，必须深入研究掌握不同动物及动物的不同阶段对不同饲料原料的最佳利用粒度。大料粉碎粒度要合乎要求，例如，玉米粉碎时筛片的孔径选择一般为教槽料 0.6 毫米、保育料 1.5 毫米、中小猪料 2.0 毫米、大猪料 2.5 毫米、公母猪料 4.0 毫米等。

4. 原料添加顺序要合理

首先加入量大的原料，量越小的原料应在后面添加，如维生素、矿物质和药物添加剂，这些原料在总的配料过程中用量很小，所以，不能把它们直接添加到空的搅拌机内。如果在空的搅拌机内先添加这些微量成分，它们就可能落到缝隙或搅拌机的死角处，不能与其他原料充分混合。这不仅造成了经济价值较高的微量成分损失，而且使饲料的营养成分不能达到配方的水平，还会对下一批饲料造成污染。所以，量大的原料应首先加入到搅拌机中，在混合一段时间后再加入微量成分。有的饲料中需要加入油等液体原料，在液体原料添加前，所有的干原料一定要混合均匀。然后再加入液体原料，再次进行混合搅拌。含有液体原料的饲料需要延长搅拌时间，目的是保证液体原料在饲料中均匀分布，并将可能形成的饲料团都搅碎。有时在饲料中需加入潮湿原料，应在最后添加，这是因为加入潮湿原料可能使饲料结块，使混合更不易均匀，从而增加搅拌时间。

5. 混合时间要合适

混合均匀度指搅拌机搅拌饲料能达到的均匀程度，一般用变异系数来表示。饲料的变异系数越小，说明饲料搅拌越均匀；反之，越不均匀。生产成品饲料时，变异系数不大于 10%。搅拌时间应以搅拌均匀为限。确定最佳搅拌时间是十分必要的。搅拌时间不够，饲料搅拌不均匀，影响饲料质量；搅拌时间过长，不仅浪费时间和能源，对搅拌均匀度也无益处；卧式搅拌机的搅拌时间为 3~7 分钟。

6. 防止交叉污染

饲料发生交叉污染的场所主要有：储存过程中的撒漏混杂；运输设备中残留导致不同产品之间的交叉污染；料仓、缓冲斗中的残留导致的交叉污染；加工设备中的残留导致的交叉污染；由有害微生物、昆虫导致的交叉污染等。因此需要采用无残留的运输设备、料仓、加工设备和正确的清理、排序、冲洗等技术和独立的生产线等来满足日益高涨的饲料安全卫生要求。

7. 成品包装要准确

成品包装准确，首先要所用包装袋的包装型号要与饲料相匹配，不要出现错装或混装。其次包装重量要准确，这样方便饲养员的取用，利于饲养员饲喂量的控制。

（三）使用过程中的注意事项

在实际生产使用中，由于养殖户对其认知不够，仍存在着诸多问题，影响了预混料的使用效果，打击了养殖户使用预混料的积极性。

1. 慎重选料

目前预混料的品牌繁多，质量不一，预混料中的药物添加剂的种类和质量也相差甚大，所以选择预混料不能只看价格，更重要的是看质量，要选择信誉高、加工设备好、技术力量强、产品质量稳定的厂家和品牌。

2. 妥善保管

预混料中维生素、酶制剂等成分在储存不当或储存时间过长时，效价会降低，因此应放在遮光、低温、干燥的地方贮藏，且应在保质期内尽快使用。

3. 严格按规定剂量使用

预混料的添加量是预混料厂按猪不同生长发育阶段精心设计配制的，特别是含钙、磷、食盐及动物蛋白在内的大比例预混料，使用时必须按规定的比例添加。有的养殖户将预混料当作调料使用，添加量不足；有的养殖户将预混料当成了万能药，盲目增加添加量；有的将不同厂家的产品混合使用。不按规定量添加，就会造成猪的营养不平衡，不仅增加了饲养成本，还会影响猪的生长发育，甚至出现中毒现象。

4. 合理使用推荐配方

养殖户所购买的预混料，其饲料标签或产品包装袋上都有一个推荐配方，这个配方是一个通用配方，能备齐推荐配方中各种原料的养殖户，可按推荐配方配料。也可充分利用当地原料优势，请预混料生产厂家的技术人员现场指导，不要自己随意调整配方，否则会使配出的全价饲料营养失衡，影响使用效果。

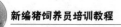

5. 把握饲料原料的质量

预混料的添加量仅有 1%~5%，而 95%~99% 的大部分成分是饲料原料，因此原料质量至关重要。目前，农村市场饲料原料的质量差异很大。因此，应尽量选择知名度高、信誉好的厂家原料。

6. 注意原料的粉碎粒度

粒度较大的原料，如玉米、豆粕，使用前必须粉碎，猪饲料粒度为 500~600 为宜，饲喂的饲料混合均匀度变异系数通常不得大于 10%。

7. 正确饲喂

预混料不能单独饲喂，必须按配方混合后方可饲喂，不能用水冲或蒸煮后饲喂。更换料时要循序渐进，一星期左右完成换料，尽量减少换料引起的采食减少，生长下降等应激。

技能训练

饲料原料的识别及显微镜检。

【目的要求】对所提供的饲料、饲草标本或实物能正确识别，能认识和描述其典型感官特征，并能正确分类。

【训练条件】

能量饲料、蛋白质饲料、矿物质饲料、饲料添加剂等饲料实物；饲料标本、挂图、幻灯片、录像片；瓷盘、镊子、放大镜、体视显微镜等。

【操作方法】

（一）感官检测

所谓感观检测就是指通过感观（嗅、视、尝、触），以及借助基本工具（如筛子、放大镜）所进行的一般性外观检测。

1. 视觉

观察饲料的形状、色泽、有无霉变、虫子、结块、异物掺杂物等。

2. 味觉

通过舌舔和牙咬来检查味道。但应注意不要误尝对人体有毒的有害物质。

3. 嗅觉

通过嗅觉来鉴别具有特征气味的饲料；并察看有无霉臭、腐臭、氨臭、焦臭等。

4. 触觉

取样在手上，用手指头捻，通过感触来觉察其粒度的大小、硬度、黏稠性、滑腻感、有无夹杂物及水分的多少。

5. 筛

使用 8 目、16 目、40 目的筛子，测定混入的异物及原料或成品的大约粒度。

6. 放大镜

使用放大镜（或实体显微镜）鉴定内容与视觉观察的内容相同。

（二）显微镜检测

1. 将立体显微镜设置在较低的放大倍数上，调准焦点。

2. 从制备好的样品中取出部分撒在培养皿上，置于立体显微镜下观察。从粗颗粒开始并且从培养皿的一端逐渐往另一端看，对观测有促进作用。

3. 观测立体显微镜下的试样，应把多余和相似的样品组分拨分到一边，然后再观察研究以辨认出某几种组分。

4. 调到适当的放大倍数，审视样品组分的特点以便准确辨别。

5. 通过观察样品的物理特点，如颜色、硬度、柔性、透明度、半透明度、不透明度和表面组织结构，鉴别饲料的结构。所以，检测者必须练习、观察并熟记物理特点。

6. 不是饲料原料的额外试样组分，若量小称为杂质，若量大则称为掺杂物。

鉴定步骤应依具体样品进行安排，并非每一样品均需经过以上所有步骤，仅以能准确无误完成所要求的鉴定为目的。

【考核标准】

1. 结合实物、挂图、标本、幻灯片或录像片，借助放大镜或体视显微镜，能大体识别各种饲料并描述其典型特性。

2. 能叙述上述各种饲料的主要营养特性和使用方法。

思考与练习

1.哪些是能量饲料？猪为什么需要能量饲料？

2.哪些是蛋白质饲料？猪为什么需要蛋白质饲料？

3.怎样正确使用全价配合饲料？

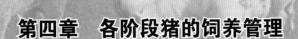

第四章　各阶段猪的饲养管理

知识目标

1. 了解哺乳仔猪、保育猪（断奶仔猪）、生长育肥猪、妊娠母猪、产房及哺乳母猪、后备母猪和空怀母猪的生理特点。

2. 掌握哺乳仔猪、保育猪（断奶仔猪）、生长育肥猪、妊娠母猪、产房及哺乳母猪、后备母猪和空怀母猪饲养管理的关键点。

技能要求

1. 能正确给新生仔猪断尾、称重、打耳号、剪犬齿。

2. 会帮助新生仔猪固定乳头并吃足初乳。

3. 能帮助仔猪运用多种方法保温。

4. 正确给断奶仔猪教槽。

第一节　哺乳仔猪的饲养管理

一、仔猪的生理与代谢特点

通常将从出生到 20 千克体重的猪称为仔猪。仔猪阶段是猪的生长发育和养猪生产的重要阶段。仔猪具有不同于其他阶段猪的在消化生理、养分代谢和体温调节特点，这些特点成为仔猪营养需要和饲养技术独特性的重要机制，也是仔猪营养性紊乱（包括腹泻）的基本原因。

（一）消化生理

仔猪消化器官在胚胎期虽已形成，但结构和机能却不完善，具体表现在下列几方面。

1. 胃肠重量轻、容积小

初生时胃的重量为 4~8 克，仅为成年猪胃重的 1% 左右。初生胃只能容纳乳汁 25~40 克。到 20 日龄时，胃重增长到 35 克左右，容积扩大 3~4 倍，约到 50 千克体重后，才接近成年胃的重量。肠道的变化规律类似，初生时小肠重仅 20 克左右，约为成年猪小肠重的 1.5%。大肠在哺乳期容积只有每千克体重 30~40 毫升，断奶后迅速增加到 90~100 毫升。

2. 酶系发育不完善

初生仔猪乳糖活性很高，分泌量在 2~3 周龄达到高峰，以后渐降，4~5 周龄降到低限。初生时其他碳水化合物分解酶活性很低。蔗糖酶、果糖酶和麦芽糖酶的活性到 1~2 周龄后开始增强，而淀粉酶活性在 3~4 周龄时才达高峰。因此，仔猪，特别是早期断奶仔猪对非乳饲料的碳水化合物的利用率很差。蛋白分解酶中，凝乳酶在初生时活性较高，1~2 周龄达到高峰，以后随日龄增加而下降其他蛋白酶活性很低。如胃蛋白酶，初生时活性仅为成年猪的 1/4~1/3，8 周龄后数量和活性急剧增加。胰蛋白酶分泌量在 3~4 周龄时才迅速增加，到 10 周龄时总胰蛋白酶活性为初生时的 33.8 倍。蛋白分解酶的这一状况决定了早期断奶仔猪对植物饲料蛋白不能很好消化，日粮蛋白质只能以乳蛋白等动物蛋白为主。至于脂肪分解酶，其活性在初生时就比较高，同时胆汁分泌也较旺盛。在 3~4 周龄时脂肪酶和胆汁分泌迅速增高，一直保持到 6~7 周龄。因此仔猪对以乳化状态存在的母乳中的脂肪消化吸收率高，而对日粮中添加的长链脂肪利用较差。

3. 胃肠酸性低

初生仔猪胃酸分泌量低，且缺乏游离盐酸，一般从 20 天开始才有少量游离盐酸出现，以后随年龄增加。整个哺乳期胃液酸度变动于 0.05%~0.15%，且总酸度中近一半为结合酸，而成年猪结合酸的比例仅占 1/10。仔猪至少在 2~3 月龄时盐酸分泌才接近成年猪水平。胃酸低，不但削弱了胃液的杀菌抑菌作用，而且限制了胃肠消化酶的活性和消化道的运动机能，继而限制了对养分的消化吸收。

4. 胃肠运动机能微弱，胃排空速度快

初生仔猪胃运动微弱且无静止期，随日龄增加，胃运动逐渐呈运动与静止的节律性变化，到 2~3 月龄时接近成年猪。仔猪胃排空的特点是速度快，随年龄增长而渐慢。食物进入胃后完全排空的时间在 3~15 日龄时为 1.5 小时，1 月龄时为 3~5 小时，2 月龄为 16~19 小时。饲料种类和形态影响食物在消化道的通过速度。如 30 日龄猪饲喂人工乳残渣时，通过时间为 12 小时，而喂大豆蛋白时为 24 小时，使用颗粒料时为 25.3 小时，而粉料则为 47.8 小时。

（二）代谢特点

1. 生长发育快

仔猪初生体重一般约占成年时的 1%，以后随年龄增加，生长速度和养分沉积量迅速增加（表 4-1）。

表 4-1   仔猪生长速度和养分沉积量

体　重 （千克）	水分 （%）	粗脂肪 （%）	粗蛋白质 （%）	粗灰分 （%）	预期 日龄	增重 （克/日）
1.25（初生）	81	1.0	11	4		
5	68	12	13	3	22	240
10	66	15	14	3	39	320
15	64	18	15	3	53	380
20	63	18	15	3	65	500

仔猪的绝对生长速度（克/日）随年龄增长而速度加快，而生长强度（体重的相对生长量）则随年龄增长而下降。如 39 日龄体重为初生重的 8 倍，而 65 日龄体重仅为 39 日龄的 2 倍。养分沉积的重要特点是脂肪沉积率在初生前 3 周内迅速增加，从初生时的 1% 提高

到 5 千克时的 12%，以后与蛋白质的沉积率相当。蛋白质的沉积率初生后增长不多，灰分的增长率更趋稳定。但无论是脂肪、蛋白质或是灰分，在体内沉积的绝对量均随年龄增长而急剧增加，表明仔猪生长快，物质代谢旺盛。

2. 养分代谢机制不完善

仔猪在养分代谢上存在明显的缺陷，表现如下。

① 磷酸化酶活性低，降低了糖原分解为葡萄糖的速度，但饥饿、注射儿茶酚胺可提高该酶活性。

② 糖异生能力差，限制了应激仔猪所需葡萄糖的供应。

③ 肝脏线粒体数量少，限制了碳水化合物和脂肪酸作为能源的利用。且由于 ATP 合成量少，很多生物合成过程受到抑制。

④ 仔猪体脂沉积少。出生时，只有 1%~2% 的体脂，且大部分是细胞膜成分，作为能源的血液游离脂肪酸量很低，初生时才 100 微克当量 /100 毫升。因此，尽管仔猪的脂肪利用机制存在，但底物供应非常有限，限制了仔猪的能量来源。

⑤ 氨基酸代谢也可能存在缺陷。

上述说明，新生仔猪主要依靠贮存量相对较多的碳水化合物及母乳的摄入来获取能量。新生仔猪每千克体重含碳水化合物 23 克，其中 21 克在肌肉，其余在肝脏。按新鲜组织含量计，肝糖原浓度为 200 毫克 / 克，而肌糖原为 120 毫克 / 克。出生后首先动用肝糖原，然后动用肌糖原。随着仔猪年龄增长，或在环境刺激下，上述缺陷可逐渐得到补救。但对于弱仔猪，这些缺陷则会有致命的危险。

（三）免疫机能

初生仔猪没有先天免疫力，因在胚胎期，母体的抗体不能通过胎盘传给胎儿。生后仔猪只有靠食入母乳，特别是初乳而获得被动免疫。初乳中总蛋白含量高达 15 克 /100 毫升，其中 70%~80% 为免疫球蛋白。免疫球蛋白中，80% 为 IgG，15% 为 IgA，5% 为 IgM。三种球蛋白中，4% 的 IgA，大部分的 IgM 和全部的 IgG 来自于母猪血清，其余部分由母猪乳腺合成。常乳也是仔猪获取抗体的重要途径。产后 7 天的乳中含免疫球蛋白 6.5 毫克 / 毫升，其中，IgA 占 60%，IgG 30%。初生仔猪肠道具有原样吸收这些免疫球蛋白的能力，而这种能力在 48 小时后逐渐消失。三种免疫球蛋白功能各有特点。IgA能抵抗酶的消化，并能在消化后黏附在小肠壁上 12 小时以上，起抑制大肠杆菌的作用；IgG 主要在血清中起杀菌的作用，可防止败血症；IgM 主要作用是抵抗革兰氏阴性细菌。

在 1~2 周龄前，仔猪几乎全靠母乳获取抗体，随年龄增长，从乳中获得的抗体量下降。仔猪主动免疫在 10 日龄以后开始形成，并随年龄而迅速增长。仔猪自身产生的免疫球蛋白中，以 IgM 为主，并有少量的 IgA。到 6 周龄以后主要靠自身合成抗体。在 2~6 同龄期间为被动免疫向主动免疫的过渡期。

（四）体温调节

初生仔猪体温调节机能发育不全，对寒冷的抵抗能力差，反映在两个方面。

1. 物理调节能力有限

仔猪对体温的物理调节主要靠皮毛，肌肉颤抖，竖毛运动和挤堆等方式进行。由于仔猪被毛稀疏，皮下脂肪很少，隔热能力差，且初生时活力不强，靠挤堆共暖的能力有限。因此，靠物理调节远不能维持体温恒定。

2. 化学调节效率很低

仔猪初生时虽然下丘脑、垂体前叶及肾上腺皮质等系统的机能已较完善，但大脑皮层发育不全，对各系统机能的协调能力差。因此，当物理调节不能维持体温时，虽然体内也能通过甲状腺素、肾上腺素等的分泌来提高物质代谢，主要是提高脂肪和碳水化合物的氧化来增加产热，但效率很低，6 日龄前特别突出。7~20 日龄期间逐渐得到改善，到 20 日龄后才接近完善。

由于上述原因，初生仔猪临界温度高达 35℃，如处在 13~24℃间，体温在生后第 1 小时可降低 1.7~7℃，尤其是在生后 20 分钟，降低更快，0.5~1 小时后才开始回升，而全面恢复正常大约需 48 小时。生后绝食或长期处于低温环境下，体温下降很快。据报道，绝食 2~3 天，体温降到 34.4℃，初生仔猪裸露在 1℃环境中 2 小时可冻昏冻僵，甚至冻死。因此，加强哺乳仔猪和早期断奶仔猪的保温工作是降低仔猪死亡率的关键措施。

二、新生仔猪的饲养管理

（一）断尾

仔猪断尾可以减少保育和生长阶段的咬尾事件。咬尾通常会在保育舍和育肥舍出现，造成猪只健康问题，被咬尾的猪只要承受痛苦，而且伤口会感染，降低了猪的饮食及抗病力，同时极易感染坏死杆菌、葡萄球菌、链球菌等，大大降低猪的生产性能和食用性。

仔猪断尾可以节省饲料，提高日增重，减少咬尾症，降低仔猪死亡率，而且能改善胴体品质。仔猪断尾操作的重点有以下几方面。

1. 选

断尾时造成的伤口很容易感染，小猪在吃足初乳后获得了免疫力从而能更好地对抗感染。因此，在产后 6 小时后才允许断尾，以保证仔猪吃到足够的初乳。另外，考虑到应激最小化问题，通常我们在仔猪 3 日龄与去势一同进行，也可在 1 日龄与剪牙、补铁、灌药一起进行。具体依本场实际工作安排进行。

2. 消

为了使感染的风险降到最小，断尾钳要锋利，无缺口。而且在使用前后要用热肥皂水清洗、浸泡，洗干净之后，接着断尾钳放进消毒液中浸泡消毒。每 2 头仔猪之间，用消毒液进行消毒。断尾钳不能用于剪牙或断脐带。

3. 抓

左手臂夹住仔猪，仔猪头朝向操作者背部。左手抓住一只后腿和尾巴进行固定（固定猪只方法不唯一，图 4-1）。

图 4-1　固定仔猪

4. 断

断尾时的主要问题是断尾后尾巴长短不一。太短，靠近尾根会愈合得慢，而且感染概率大；太长，猪仍有可能咬尾。理想留尾长度：将尾巴剪成 25 毫米长（图 4-2）。实际生产中断尾长度以母猪尾巴刚好盖住外阴为好，公猪盖住睾丸的一半（此处仅为生产中一些经验，仅供参考，初学者以上面数据为准）。如使用电烙剪时，要充分加热，断尾时力度、速度适中。

图 4-2　剪短尾巴

5. 检

在断尾之后，流血通常会很快凝固。在断尾后 5 分钟检查流血是否停止很重要（图 4-3）。如果继续流血，可使用止血带 15 分钟或使用电烙剪横切面止血，切记不要烫到他人。

图 4-3　断尾后检查止血情况

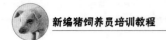

6. 记

断完一窝仔猪，要在产仔卡上做好记录日期。

（二）称重、打耳号

仔猪出生擦干后应立即称量个体重或窝重，初生体重的大小不仅是衡量母猪繁殖力的重要指标，而且也是仔猪健康程度的重要标志，初生体重大的仔猪，生长发育快、哺育率高、肥育期短。种猪场必须称量初生仔猪的个体重，商品猪场可称量窝重（计算平均个体重）。

猪的编号就是猪的名字，在规模化种猪场要想识别不同的猪只，光靠观察很难做到。为了随时查找猪只的血缘关系并便于管理记录，必须要给每头猪进行编号，编号是在生后称量初生体重的同时进行。编号的方法很多，以剪耳法最简便易行。剪耳法是利用耳号钳在猪的耳朵上打号，每剪一个耳缺代表一个数字，把两个耳朵上所有的数字相加，即得出所要的编号。以猪的左右而言，一般多采用左大右小、上1下3、公单母双（公仔猪打单号、母仔猪打双号）或公母统一连续排列的方法。即仔猪右耳，上部一个缺口代表1，下部一个缺口代表3，耳尖缺口代表100，耳中圆孔代表400。左耳，上部一个缺口代表10，下部一个缺口代表30，耳尖缺口代表200，耳中圆孔代表800（图4-4）。

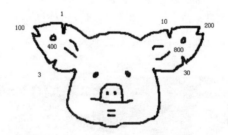

图4-4 猪的耳号编制规则

注意事项如下。

① 预防缺口感染发炎导致缺口粘连变形。

② 在没有打完耳缺之前，禁止小猪寄养，特别是无色品种间。

③ 一个猪场每个耳号都是唯一的。

④ 空距要大于间距。耳根部与耳尖部之间的缺口空距要适当大一些，至少要大于耳根处或耳尖处缺口的间距，以易于区分识别缺口属耳根或耳尖。而且还要求缺口深浅一致，不过深、过浅，清晰易认，缺口间距基本一致，稀疏均匀，排列整齐。

⑤ 应尽量避开血管，所有耳缺要适度剪到耳缘骨，不能过深，也不能过浅。

（三）剪犬齿

剪掉犬齿可防止小猪伤害母猪乳头或吮乳争抢时伤害同窝仔猪，通常用消毒的剪牙钳剪除犬齿（图4-5）。剪牙时应小心，牙齿应尽可能接近牙床表面剪断，切勿伤及牙床，牙床一旦受损，不仅妨碍小猪吮乳，而且受伤的牙床将成为潜在的感染点。

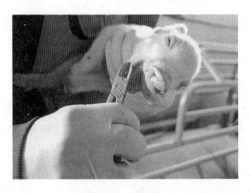

图4-5　剪掉犬齿

（四）补铁

传统养猪中圈舍内为土地面，仔猪在补料前母猪带领仔猪在拱食土壤的过程中可以获得一部分铁元素的补充，同时传统养猪中猪的品种较现在规模化猪场差得远，当然生长速度也跟规模化猪场也较大的差别。尽管如此，传统养猪过程中对铁的补充依然是多数养猪场的重要工作之一。

现代规模化猪场其封闭的管理模式不同于传统养猪，母猪不能获得带领仔猪自由生活的权力，且圈舍建筑以水泥地面为主，无法从土壤中获得机体生长所需的各项微量元素，所以只能依赖于外界的补充，即直接补充或来源于饲料。所以在当代规模化猪场日常仔猪管理中补铁显得更为重要。

1. 补铁时间的选择

新生仔猪容易发生缺铁性贫血的原因是由于初生仔猪体内铁贮不足。据研究发现，新生仔猪出生时体内含铁贮为 40~50 毫克。而哺乳仔猪在生长过程中每天需 7~16 毫克铁才能保证其较快的生长速度。而新生仔猪唯一的铁的来源就是由母乳获进，而每头新生仔猪通过母乳每天仅能获得约 1 毫克铁。所以新生仔猪体内的铁贮仅够维持机体 3 天的需求量。要保证 3 天后不发生缺铁性贫血，应在 4 日龄内对新生仔猪进行补铁，否则就会出现缺铁性贫血症。导致仔猪精神不振、食欲减退、腹泻、生长缓慢，甚至生长较快的仔猪会因缺氧而突然死亡。

2. 补铁制剂的选择

（1）严把质量关　养殖场（户）在选择补铁制剂时要仔细认真。首先要选择正规企业所生产的产品，另外检查生产日期、有效期、包装等，以防使用不合格或过期产品导致不必要的损失。

（2）规格选择　目前使用的补铁制剂较多的是右旋糖酐铁注射液，规格有 50 毫克 / 毫升，100 毫克 / 毫升，150 毫克 / 毫升。右旋糖酐铁含量较高，且较好的生产工艺，使得药剂溶液颗粒较小，对仔猪刺激性小，吸收快，抽取和注射极为方便（图 4-6）。此外，额外增加的硒、钴以及 B 族维生素等，能够一针多补，作用全面，更有利于铁元素的全面吸收，同时可促进机体造血机能的进一步完善，增

图 4-6　仔猪颈部肌内注射补铁

加了铁元素在造血过程中利用率。

（3）铁剂的贮存 包装瓶为棕色玻璃安瓿，因为右旋糖酐铁见光易分解成导致机体过敏的右旋糖酐和毒性极强的三价铁离子，所以在贮藏铁制剂时应存放于阴凉通风处，有条件者最好贮存于冰箱内冷藏，严禁注射后放于阳光下暴晒。

3. 补铁剂量的确定

新生仔猪补铁剂量掌握在 150~200 毫克，量小不能满足机体需求，量大则易产生较强的毒副作用。据报道，超剂量使用补铁制剂会引起铁过负荷，许多重要器官如淋巴结、脾脏、肝脏、肺及肾脏受损伤，使机体的免疫机能下降和生理机能障碍，易患细菌性和病毒性传染病。临床表现为仔猪出血性胃肠炎、腹泻、呕吐、休克及急性肝坏死等病症。在实际操作过程中若选择 50~100 毫克 / 毫升规格的补铁制剂，需注射 2~3 毫升，由于猪的体重较小，此剂量注射后极易使注射部位起包，且吸收不佳，达不到注射效果。而选择含铁量为 150 毫克 / 毫升的铁制剂时，仅需注射 1 毫升，注射剂量小，易于注射，且吸收迅速完全。建议在 3 日龄、7 日龄分别补一次。

4. 补铁时间的选择

在生产中多数养殖单位对一天当中补铁的时间没有严格的限制，只是为了日常工作方便而来安排补铁工作，殊不知铁制剂不仅在体外经阳光暴晒或高温可使铁剂中的 Fe^{2+} 转变为有毒性的 Fe^{3+}，而且在体内如若经阳光暴晒或高温也可使 Fe^{2+} 转变为有毒性的 Fe^{3+}，所以在实际的生产中有的猪场在注射完补铁制剂后，仔猪接受阳光直射或高温也可出现过敏或中毒事件的发生。建议在铁制剂的使用过程中，尤其对于半封闭猪场更要引起重视，在安排补铁工作时，在冬季还是选择气温较高的下午 2 点左右或上午 10 点左右，但在夏季时节需选择在下午 5 点以后，这样注射相对效果更好一些，同时可防止不必要的铁中毒或过敏事件的发生。

（五）尽早吃足初乳

母猪产后 3 天内分泌的乳汁，称初乳。初乳的营养成分与常乳不同，含有丰富的蛋白质、维生素和免疫抗体。初乳对仔猪有特殊的生理作用，能增加仔猪的抗病能力；还含有起轻泻作用的镁盐，可促进胎粪排出；初乳酸度高，有利于仔猪消化；初乳中所含各种营养成分极易被仔猪消化利用。因此，初乳是初生仔猪不可缺少、不可取代的食物。为此，要使初生仔猪吃到充足的初乳非常重要。仔猪出生后，及时训练仔猪捕捉母猪乳头的能力，尽量在 3 小时内给予第一次哺乳。若母猪分娩延长到 2 小时以上时，应不等分娩结束就要先将产下的仔猪放回母猪身边进行第一次哺乳。

（六）固定乳头

固定乳头是提高仔猪成活率的主要措施之一。全窝仔猪出生后，即可训练固定乳头，使仔猪在母猪喂乳时，能全部及时吃到母乳。否则，有的仔猪因未争到乳头耽误了吃乳，几次吃不到乳而使身体衰弱，甚至饿死。固定乳头应以自选为主，适当调整，对号入座，控制强壮，照顾弱小为原则。一般是把弱小仔猪固定在母猪中前部乳头吃乳，强壮的固定在后面，这样可使同窝仔猪生长整齐、良好、无僵猪，也可避免仔猪为争夺咬破乳头。若母猪产仔数少于乳头数，可让仔猪吃食 2 个乳头的乳汁，这对保护母猪乳房很有益。若母猪产仔数多于乳头数时，可根据仔猪强弱，将其分为两组轮流哺乳，或寄养给其他母猪，或人工哺养。

（七）寄养或并窝

寄养和并窝就是将不同窝的仔猪合并起来，并给其中 1 头泌乳量较大的母猪哺养。

根据仔猪寄养的时期差异，大致有以下 4 个阶段。

① 出生后 12~24 小时。

② 出生后 5~7 天（落后仔猪第一阶段）。

③ 出生后 10~14 天（落后仔猪第二阶段）。

④ 断奶不达标仔猪寄养母猪。

针对以上四个阶段的差异，把寄养分为交叉寄养和奶妈猪寄养两种形式。

1. 交叉寄养

将多窝产期相近且喝过初乳的出生 12~24 小时的仔猪，根据仔猪的大小、毛色等，将仔猪调整到同窝相对均匀且与母猪的有效乳头数量相匹配的状态。

随后持续关注确保寄养的母猪接受寄养过来的仔猪，同时保证每一头仔猪都能获得充足的奶水，若有寄养后持续的观察中发现仍有仔猪出现"掉队"情况需要重新选择奶妈猪并寻找失败的原因。

要做好交叉寄养，需要注意以下几个问题。

（1）交叉寄养的原则　交叉寄养在出生后 12~24 小时；选择寄养的几窝，分娩时间相近，一般是同一日内分娩的；交叉寄养后母猪所带的仔猪数不超过母猪的有效乳头数；为了促进 1 胎母猪乳腺的发育，让 1 胎母猪带较大的、与其有效乳头数相当的仔猪；若产仔数较少的分娩日，1 胎母猪要比平均带仔数多带；让母猪尽可能多的带自己的仔猪（寄养出去的仔猪数量不要超过本窝仔猪数的 30%）；尽量保证窝内仔猪的均匀度良好，但不能将仔猪按照体重、体格大小排序分群。

（2）交叉寄养需要注意的问题　场内应无传染性疾病暴发，如猪传染性胃肠炎，猪流行性腹泻等；蓝耳病阴性场或蓝耳病稳定场可以进行仔猪寄养；选择被寄养的仔猪时要认真仔细；清楚每一头母猪的有效乳头数；禁止把所有将要被寄养的仔猪集中到一起后再寄养；尽量充分利用每一头母猪的有效乳头（特别是 1 胎母猪）；在寄养之前仔猪必须吃足初乳。

2. 奶妈猪寄养

将生长落后的、或者可能断奶不达标的或者超过母猪有效乳头仔猪寄养给一头体况好、奶水好、母性好的低胎次母猪从而重新组建一窝。

在寄养后需要评估母猪的母性、母猪的泌乳力及母猪的采食量。同时寄养之后，定时的查看寄养效果，对寄养不成功的，需要及时换奶妈猪。

奶妈猪寄养要想做得成功，同样需要做根据一定的原则，注意一定的事项。

（1）奶妈猪寄养原则　奶妈猪寄养刚出生的仔猪时，仔猪必须在吃足初乳后寄养（出生后 12~24 小时内）；奶妈猪须在能够哺乳好自己仔猪的前提下，才能进行寄养；选用的奶妈猪必须性情温顺，泌乳能力强，体况好；奶妈猪最好选用低胎次（二胎或三胎的母猪）的哺乳母猪；奶妈猪要能够接受所寄养的仔猪；奶妈猪被寄养的仔猪数一定不能超过其之前所带的仔猪数。奶妈猪的整个哺乳期不要超过30天。

（2）奶母猪寄养注意事项 选择的奶妈猪必须母性好、体况好、泌乳能力强，之前所带的仔猪长势好；在寄养个体非常小的仔猪之前，首先评估一下它们是否有寄养的价值；寄养时单元与单元之间的落后猪尽量不要混合寄养；寄养之后，奶妈猪的饲喂量要适当减量，以防止奶妈猪过量分泌奶水，仔猪吃不完，导致奶妈猪乳房问题或停止泌乳；有疾病的仔猪不能进行寄养，但应该注意营养不良和患病仔猪之间的区别；如果没有合适的二胎母猪作为奶妈猪，那么可以选择3~5胎次的母猪作为替代方案。

仔猪寄养时要注意以下几方面的问题。

（1）母猪产期接近 实行寄养时母猪产期应尽量接近，最好不超过3~4天。后产的仔猪向先产的窝里寄养时，要挑体重大的寄养，而先产的仔猪向后产的窝里寄养时，则要挑体重小的寄养。以避免仔猪体重相差较大，影响体重小的仔猪发育。

（2）被寄养的仔猪一定要吃初乳 仔猪吃到初乳才容易成活，如因特殊原因仔猪没吃到生母的初乳时，可吃养母的初乳。这必须将先产的仔猪向后产的窝里寄养，这称为顺寄。

（3）寄养母猪必须是泌乳量高、性情温顺、哺育性能强的母猪 只有这样的母猪才能哺育好多头仔猪。

（4）使被寄养仔猪与养母仔猪有相同的气味 猪的嗅觉特别灵敏，母仔相认主要靠嗅觉来识别。多数母猪追咬别窝仔猪（严重的可将仔猪咬死），不给哺乳。为了使寄养顺利，可将被寄养的仔猪涂抹上养母奶或尿，也可将被寄养仔猪和养母所生仔 猪合关在同一个仔猪箱内，经过一定时间后同时放到母猪身边，使母猪分不出被寄养仔猪的气味。

寄养时常发生寄养仔猪不认"奶妈"而拒绝吃奶的情况，当养母放奶时不但不靠近吃奶，而是向相反的方向跑，想冲出栏圈回到母亲处吃奶。遇到这种情况可利用饥饿和强制训练的办法进行训练，才能成功。

给哺乳仔猪并窝总是面临以下三个问题：母猪拒哺别人的仔猪，甚至追着咬；仔猪不认新妈妈，不会主动去吃奶；新出生的仔猪吃的是"长流奶"，可"后妈"供的是"定时奶"，吸一口吸不到奶，它们就会放弃奶头围着母猪边转边叫，影响母猪正常哺乳。能否解决以上矛盾需要讲究技巧。只要做好以下五个关键点，这三大问题也就迎刃而解了。

① 并窝时，一定要保留一部分母猪的亲生子女，不要全部移走。

② 打算并窝之前，先将移过来的仔猪与原保留下来的仔猪关在一起，一般可借助于保温箱，让他们串串气味。然后取一些代哺乳母猪的乳汁，涂在新迁来仔猪的身上，尤其是头部。当然，事先要采出母猪的奶水。母猪辨别仔猪是否亲生，主要是靠奶水气味。当你将一窝仔猪突然放到另一窝仔猪群中时，母猪会先"亲亲"这个外来者的嘴巴，这就是在鉴定它嘴中是否有她熟悉的奶味，然后辨别出是否她亲生，决定是否攻击。

③ 放出小猪吃奶前 2 小时，先给母猪打几支缩宫素。这里缩宫素是起催奶的作用，利于母猪安静的放奶。

④ 放小猪吃奶时，先抓亲生的，待放乳时，再抓过继过来的。需要注意要一头一头的抓，等一头彻底吃上奶再抓第二头。窍门儿就是"以多带少，逐渐渗透"，多尝试几次，只要小猪吃住奶，母猪也就不会排斥了。最后几头顺奶时，直接把它们固定在奶头中间就可以了。

⑤ 顺奶时应选择傍晚到晚上的时段。因为这一段时间母猪较安静，可静卧很久，甚至整晚保持一个姿势，更方便顺奶。而白天则会在放完奶后立马翻身、藏起奶头，比较麻烦。

三、哺乳仔猪的饲养管理

（一）保温防压

1. 保温

初生仔猪体温调节能力差，对环境温度有较高要求。仔猪最适宜的环境温度：0~3 日龄为 29~35℃，3~7 日龄为 25~29℃，7~14 日龄为 24~28℃，14~21 日龄为 22~26℃，21~28 日龄为 21~25℃，28~35 日龄为 20~22℃。

仔猪受冻这一问题普遍出现在产房管理较差的猪场。仔猪受冻通常见于较冷冬季的第一个月。受影响的仔猪都是日龄小、体质虚弱、行动缓慢的仔猪，它们往往会挤成一团，且通常靠近母猪的乳房。如果产房有贼风，或者产房的地面寒冷、潮湿，仔猪很容易受冻着凉。受冻的仔猪可能侧卧，逐渐呆滞、昏迷而死亡。

仔猪从温暖的母猪子宫产出，直接进入寒冷、潮湿的产房环境，极不适应；且新生仔猪尚未具备产热保温的能力，自身储存的能量也很少。

当仔猪觉得寒冷时，它们喜欢朝母猪的休息处移动，试图在母猪身上取暖，而这样使它们更容易被母猪压住。

母猪的产仔区应该拥有足够的建筑围护，不使用门、窗或窗帘，产仔栏中应有适合仔猪休息的区域和可活动的保温灯，地面应温暖、干燥，这对于冬天较冷的地区尤为重要。许多猪场用垫料或垫子给仔猪提供一个温暖、干燥的休息区。

鉴于此，产房必须提供充足的热量，室温应维持在 20℃以上，并保持生活环境的明亮；仔猪生活的区域至少应加热至 35℃以上，以便为其提供给一个安全而又温暖的空间，使其在睡觉时远离母猪的休息区域。要采取特殊的保温措施为仔猪创造温暖的小气候环境。

（1）厚垫草保温　水泥地面上的热传导损失约 15%，应在其上铺垫 5~10 厘米的干稻草（图 4-7），以防热量的散失，但应注意训

图 4-7　厚垫草保温　　　　图 4-8　红外灯（保温箱）保温

练仔猪养成定点排泄习惯，使垫草保持干燥。

（2）红外灯保温　将 250 瓦的红外灯悬挂在仔猪栏上方或保温箱内（图4-8），通过调节灯的高度来调节仔猪床面的温度。此种设备简单，保温效果好。

（3）烟道保暖　在仔猪保育舍内，每两个相邻的猪床中间地下挖一个 25~35 厘米宽的烟道，上面铺砖，砖上抹草泥，在仔猪舍外面的坑内升火。也可以在仔猪出生，抹干身上的黏液后，放进带有稻草、麻袋等保温材料的箩筐、纸箱内（图4-9），2~3 天后再让仔猪到母猪身边采食母乳。此法设备简单、成本低、效果好。

图 4-9　带有麻袋片的保温纸箱

图 4-10　仔猪保温电热板

（4）电热板加温　一般用作初生仔猪的暂时保温，其特点是保温效果好，清洁卫生，使用方便，但造价高（图4-10、图4-11）。

2. 防压

据统计，压死仔猪一般占死亡总数的 10%~30%，甚至更多，且多数发生在出生后 7 天内。

母猪踩压致仔猪死亡是由综合因素引起的。

（1）母猪行为因素　研究证

图 4-11　仔猪保温箱内的电热板

明仔猪被压死基本发于母猪由走动变为躺卧和站立，或是由躺卧和站立变为走动的时候。圈养条件下母猪躺卧姿势的变换常导致仔猪被压死，绝大多数的仔猪压死发生在其出生后1天。

母猪具有良好的母性，母猪缓慢躺下是为了把躺卧区域内的仔猪赶走。群养在分娩舍的母猪在躺卧前如不驱赶仔猪，则仔猪被压死的概率显著增加。

大多数母猪对被压仔猪发出的叫声无反应。这一无反应行为可以解释为饲养在产仔限位栏的母猪适应了隔壁仔猪的叫声，因为不管它作不作出反应都不能让隔壁仔猪停止发出叫声。

仔猪压死率与母猪的体型密切相关。母猪的选育要求其窝产数高且所产仔猪生长速度快，这一选择要求不仅使仔猪个体大，也使得母猪体型变大。母猪体型变大，但所用的妊娠和产仔限位栏的尺寸并没有改变，这一不匹配使得母猪福利和生产能力下降，许多母猪因年龄和体型原因被淘汰。饲喂在妊娠限位栏的母猪比圈养或放养条件下母猪的运动量少，这使限位栏内的母猪心脏和肌肉功能降低，增加了母猪小心躺下的难度。

母猪的活动量也对仔猪死亡率有影响，仔猪受伤、被压死大多发生在母猪站立、躺卧、走动时。活跃的母猪比安静的母猪更易压死仔猪，分娩舍的母猪产后3天90%的时间都躺卧着。

母猪在限位栏的躺、坐或坐、躺的位置变换频率是圈养的2倍。限位时，许多母猪会挤压肩部与四肢关联处的疼痛位置，这会增加母猪变换位置的频率。给产后4小时内的母猪注射止痛剂能减少产后3天母猪变换位置的频率。

（2）仔猪行为　与新生老鼠、小白鼠和兔子一样，新生仔猪习惯与同伴一起扎堆抵御伤害、保持热量和代谢能，这一行为增加了其被压死的可能。出生体重低的仔猪更多的时间是在母猪乳房旁积极地吸奶，这增加了其被压的可能。

如果说仔猪扎堆在母猪旁边是为取暖，那么提供取暖设施吸引仔猪远离母猪应该可以减少其被压死的可能。这些加热设施能够降低仔猪腹泻的发生，也可以保持仔猪整体健康。

虽然加热措施可以提高出生2天内仔猪的存活率，但增加保暖设施、采用不同的保暖方法、保暖设备处于不同的位置（正上方、前面、侧面）都不能进一步提高仔猪的存活率。不管加热设施的位置和环境温度如何，出生3天内的仔猪都喜欢躺在母猪的旁边。1日龄的仔猪60%~75%的时间都在吸奶或扎堆躺在母猪旁边，这就增加了仔猪的压死率。提高哺乳仔猪存活率，除考虑环境因素，包括环境温度等之外，调整新生仔猪的行为也是一个重要考虑因素。

新生仔猪被母猪的乳房强烈吸引。通过对仔猪听觉、嗅觉、视觉和触觉的测试发现，仔猪被母猪乳房的构造和热量所吸引、仔猪被母猪乳汁的气味所吸引，为了更接近母猪的乳房，仔猪位置随着母猪躺卧位置的变化而变化。出生12小时内的仔猪很快就被母猪粪便和乳房分泌物所吸引，仔猪能够分辨出母亲的气味，仔猪同时也被母猪的分娩分泌物和叫声吸引。母猪生产后，绝大多数仔猪能直接找到母猪乳房，这说明即使仔猪没有一点视觉，也能直接找到母猪乳房。

母猪乳房的温暖、气味和柔软度吸引着仔猪争先恐后地跑到母猪乳房旁边扎堆，体型越瘦小、身体越弱的仔猪越是喜欢挨着母猪的乳房，这就增加了其被压死的可能。在产仔限位栏中放入乳房模型（模拟母猪乳房的气味、柔软度和温度）比保温灯更能吸引仔猪离开母猪。

环境温度为24℃时，仔猪与同伴扎堆取暖，当环境温度为45℃时，仔猪更喜欢独自躺卧。视觉不能决定仔猪扎堆与否，触觉和嗅觉的吸引是造成出生3天内的仔猪被压死的主要因素。温度虽然没有纳入主要因素，但其在保暖和抵抗疾病方面有着重要作用。

（3）设备设施 哺乳仔猪50%死亡发生在出生后3天内，绝大多数的压死发生在仔猪出生48小时内。仔猪出生体重、环境温度、设备设施及疾病等因素影响着压死的发生率。仔猪压死率与母猪福利好坏存在着很大关系。

给分娩圈制造一个约8%的坡度可以降低仔猪死亡率。环境因素，如地板类型也影响着仔猪压死率，虽然地板类型和圈舍结构在开始的时候能够影响仔猪存活率，但最终的断奶活仔数是相同的。

给限位栏的哺乳母猪加上垫草再加一个顶，则母猪对仔猪的叫声更敏感，且仔猪死亡率有所下降。饲养在分娩圈的母猪分娩间隔更短，虽断奶活仔数相同但其体重增加，分娩圈母猪母性更好。

资料表明，饲养在产仔限位栏和分娩圈的仔猪死亡率没有明显差异。圈舍尺寸和形状的改变都不能降低仔猪压死率，这主要是因为出生 3 天内的仔猪往往被母猪的乳房所吸引，并长时间地躺在其旁边，3 天后，保暖灯就会代替母猪乳房，躺卧区域的变化可以避免仔猪被压死。

（4）性别　虽然窝产公猪比窝产母猪数量稍多一点，但母猪的存活率却比公猪高。窝产仔猪数多的，公猪存活率更低，公猪更容易出现死胎、弱仔，被饿死和压死。

与母猪相比，阉割的公猪无论年龄多大，都会长时间躺卧而不站立，这会增加疾病感染率和死亡率。公猪大多数的死亡都是挤压和寒冷造成的。

基本的皮质醇浓度，公猪比母猪高，这会导致公猪对有害刺激和疾病更为敏感。公猪对信息激素的敏感是导致其压死率较高的原因之一。母猪乳房的信息激素使得嗅觉灵敏的公猪长时间待在母猪周围，这就增加了其被压死的可能。

（5）遗传　产仔限位栏的应用使得经营者更关注母猪繁殖性能而不是母性行为，从而导致仔猪被压死。

因此，要采取有效的防压措施，以减少损失。防压措施有以下几方面。

① 设母猪限位架。母猪产房内设有排列整齐的分娩栏，在栏的中间部分是母猪限位栏，供母猪分娩和哺育仔猪，两侧是仔猪吃奶、自由活动和吃补助饲料的地方。母猪限位架的两侧是用钢管制成的栏杆，用于栏隔仔猪，栏杆长为 2.0~2.2 米，宽为 60~65 厘米，高为 90~100 厘米，由于限位栏架限制了母猪大范围的运动和躺卧方式，使母猪不能"放偏"倒下，而只能先俯卧，然后伸出四肢侧卧，这样使仔猪有个躲避的机会，以免被母猪压死。

② 保持环境安静。产房内防止突然的响动，防止闲杂人等进入，去掉仔猪的獠牙，固定好乳头，防止因仔猪乱咬乳头造成母猪烦躁不安、起卧不定，可减少压踩仔猪的机会。

③ 加强管理。饲养员对母猪和仔猪要进行耐心细微的饲养管理，

保持母猪良好的泌乳性能，为仔猪设置仔猪保温箱，产后1~2天内，可将仔猪关入箱内，定时放奶，可减少压死仔猪。2日龄后仔猪吃完奶便自动到保温箱中休息，减少与母猪的接触机会，即使在夏季除去取暖设备并打开顶盖，同样是仔猪休息的场所。

另外产房要有人看管，夜间要值班，一旦发现仔猪被压，立即哄起母猪救出仔猪。

（二）教槽与教槽料

1. 教槽与教槽料的本质

（1）关于教槽　当前，关于哺乳仔猪是否需要教槽，怎么教槽等问题，各方有不同的观点。本书仅作简单介绍，供读者参考。

如果认为哺乳仔猪需要教槽，那么，引诱-适应-习惯-学会吃料-尽可能地多吃料，以锻炼乳仔猪的消化道，尽早适应固体和植物性饲料，避免断奶应激（拉稀，失重），这应该是哺乳期对仔猪进行教槽的目的。同时在哺乳期教槽还有一个作用，就是使用教槽料给没有奶水的仔猪提供营养，或产仔数多母乳不足时提供营养。因此不可武断地认为哺乳仔猪不需要教槽，也不能片面地认为哺乳仔猪教槽料只为教槽而备。

教槽料首要关注适口性是否良好，其次才是营养的全面性。所以要在保证适口性的同时兼顾营养的全面性。

如果母猪奶水充足，用稻谷煮粥饲喂就可以达到教槽目的。如果感觉煮粥麻烦，可以用稻谷或碎米用1.2毫米筛片粉碎二次熟化，用热水一调就变成粥。可以选择两种方法饲喂：断奶前5天开始饲喂，在其中添加少量保育料，先稀后干，断奶后5天（第10天）过渡到正常吃保育料；或断奶开始饲喂，方法如前，十天过渡，就能很好地解决仔猪教槽问题。

也可以仔猪在3~5天饮水时，在料盘水里面放置少许饲料，添加白糖。仔猪喝水的同时也吃进去饲料，每天3次，固定时间，诱食效果较好。仔猪日采食量分配：自分娩第5天起，每日每头5克，第2周每头每天10克，第3周每头每天15~20克。如果母猪奶水不好，可以加足量以仔猪吃净为准。前期教槽时水中再添加奶粉效果就会更好，乳香对仔猪有很强的诱食性。

如果奶水不足，就要考虑选用教槽料。

（2）**正确评价教槽料**　评价产品时应有科学的方法与态度，片面的评价某一方面功能是不科学的。评价教槽料一般看使用后，乳猪采食量、生长速度是否持续增加，腹泻率是否降低。通常在猪种与软硬件管理技术具备的条件下，教槽料乳猪应表现喜欢吃、消化好（通过粪便的观察）、采食量大，尤其是教槽料结束过渡下一产品后的1周内。营养性腹泻率低于20%；饲料转化率为1.2左右；日均增重250克以上；采食量日均为300克以上。对于猪场来言，把解决猪场管理问题交给饲料企业，而饲料企业为了满足这些本不应该是自己的责任的要求时，只能在饲料中加些违规的东西，以期能达到最大的利益，看起来猪场得到了一些现实利益，最终为高药物买单的还是猪场自己，所以对于养猪企业来说，日常生产中还要做好生产记录，分析数据，不断发现问题、解决问题，不断提高猪场生产水平。特别是猪场产房的补料方式和补料结果，断奶后和保育舍的取暖方式等。

2. 教槽料在选择和使用中常见的问题

（1）**追求片面功能**　教槽料是近几年来快速推广发展的产品，也是毛利较高的产品，大小饲料企业都在推广，部分生产厂家迫于市场推广压力，往往会满足技术不好的猪场对教槽料片面功能的追求。生产中，有些用户在选择教槽料时从感观闻到的腥味、乳香味、甜味等浓与淡来评价乳猪料好坏；也有人从外观看乳猪料的细腻程度、膨松程度、甚至颗粒大小等来判断教槽料的好坏，也有人从腹泻多少、饲料颜色的变化等来评价。猪场如不解决管理中的根本问题，单希望通过调整营养配方来满足部分功能的话，往往解决了这个功能，那个功能就会下降。如有的教槽料靠高药物添加控制腹泻，往往腹泻控制了，但猪后期生长受到很大影响，同时，有些细菌性疾病对抗菌药物的敏感性也降低了，为猪场发生疫病后的高死亡率埋下很大的隐患。更为严重的是有猪场发生疫病后，通过做药敏试验找不到一个有效的抗生素使用。甚至有些企业违规使用原料来满足一些养猪者对教槽料片面认知需求。

（2）**不教槽或教槽不成功**　教槽料的主要意义是让乳猪较早地接触到植物性的饲料，从而让猪的消化道发育更充分，消化酶的变化更适应于消化饲料而不是乳汁，起到一个从乳到料的过渡作用。这个过渡的过程最好的时间是在断奶前进行，但是现在的一些猪场断奶前很少使用教槽料或教槽不成功，21 天断奶的采食量远不足 525 克，28 天断奶的采食量更是连起码的 1000 克都达不到，这样就使从乳到料的过渡时间延续到断奶以后，让猪在高的断奶应激的过程中同时完成这一过渡，且时间之紧是让乳猪的适应过程和猪的生命竞赛（你不吃我就饿你，直到你吃为止，猪仅有两种选择，一种是被饿死，另一种是吃饲料，虽然它明知自己的消化道还不适应这些东西，但它更清楚，自己的命更重要）；如果提供给乳猪的条件，特别是温度条件不能让猪更舒服地完成这一过渡，是很难让猪长得很快而又不腹泻。而现在的养殖场只是靠教槽料就想做到这些是不现实的，而这些养殖场是饲料厂的上帝，这是上帝的要求，于是一些饲料厂就无视法纪而大量使用药物，虽然猪的生长不是太好，但是最起码可以不腹泻，这在表观上满足了上帝的需求。即在不改变现在管理和硬件的前提下，靠药物让猪在腹泻、管理、硬件等方面达到了低水平的平衡，但是这种平衡是低水平的，并且是有很多的毒副作用的。

（3）药物在教槽料中大量使用带来的负面影响　首先药物带来的平衡是低水平的，是建立在低生长效果的基础上的，特别是其对小肠绒毛的破坏是大家公认的，由此而带来的是后期的生长较慢，全程的经济效益受损，而客户的实际需求是高水平上的平衡。

其次是细菌的耐药性。药物保健就像是定时炸弹，表面上风平浪静，实质危机四伏。药物保健带来的负面影响，是把产房和保育舍变成了制造超级细菌的工厂。

3. 教槽料的使用

教槽料怎样使用才能让仔猪在高生产水平上达到生长、环境、腹泻的平衡？

（1）教槽料的形态　液体饲料、粉料、破碎料、颗粒料各有其优缺点（表4-2）。就颗粒大小而言，与大颗粒饲料（直径 3 毫米）相比，仔猪更容易采食小的颗粒饲料（直径 2 毫米）。从 17 日龄仔猪开始采食饲料以后，为了使采食量最大化，也要注意颗粒硬度：水分越低，硬度越大，仔猪越不愿意采食。因为仔猪的牙齿还没有完全发育好，更喜欢松软的小颗粒料。

表 4-2　教槽料不同形态的优缺点比较

	液体饲料	粉料	破碎料	颗粒料
优点	早采食，主动采食，可将所有的仔猪引诱到料槽，所有的仔猪都愿意吃	与颗粒料相比，诱导采食较早，即开口时间比较早	破碎料是由大颗粒破碎成的细颗粒（含部分粉料）。采食介于粉料和颗粒料之间。由于经过熟化甚至膨化处理，故比粉料消化更好，料肉比比粉料略高	水分适宜，松软的小颗粒料，比粉料和大颗粒破碎的饲料具有更高的采食量和料肉比
缺点	容易变质，招惹苍蝇，需要经常更换，以保持新鲜。劳动强度大	难达到很大的采食量，必须同时喝大量的水，浪费比较大（表面看猪喜欢采食，实际大部分浪费掉），容易扬尘	比颗粒料脏	容易吃得太多，造成消化不良。如果颗粒太硬，则采食量很小

（2）教槽料的用量　理想的教槽料采食量可以估算，见表4-3。

表 4-3　理想教槽料采食量的估算

日龄	采食量估算合计（克）	小计（克）	
10~14 天	约 50	350	
15~21 天	约 300		
22~24 天	约 250	600	1000
25~27 天	约 400		

注：实际生产上能达到理想值的70%，即认为是达到标准

5~14日龄：让仔猪闻其味道，以感受教槽料为目的，每天5~25克。

15~21日龄：少量多餐，每次喂料都会刺激仔猪的采食好奇，喂

料次数越多，提高采食量的效果越好。每天由 20 克渐增到 75 克。

22~28 日龄：真正采食教槽料的阶段，每日渐增用量到 150 克以上。

（3）教槽料的选择

① 感官上的判断。目前在乳猪生产中使用的教槽料类型主要有颗粒、破碎、粉状和液态 4 种。在实际生产中最常见的教槽料是前三种。由于生产工艺的限制，颗粒料和破碎料做到最好，质量也只能处于中档料水平。到目前为止高端高档的教槽料产品还都是粉料。选择粉料的同时要看粉碎细度，粉碎的越细越好，更容易被小猪吸收利用。

② 水溶性判断。极易溶于水，形成乳浊液的教槽料，适于乳猪的消化和营养吸收，可提高饲料消化率，进而提高乳猪采食量。可以取相同重量的教槽料置于相同体积的水中，搅拌均匀，分层越不明显，沉淀越少的质量越好。

③ 适口性判断。适口性好的教槽料，乳猪喜欢吃，采食量大，才可能有良好的日增重指标。可以取同样重量的教槽料两种，分别放到同样的两个料槽里，然后同时放到同一个猪栏里，观察小猪的采食情况。小猪爱吃哪个，说明哪个教槽料的适口性就好。

④ 选药物含量低的饲料。猪场应选择药物含量较低的饲料，因为高药物的饲料等于是在猪场建造了一个超级细菌制造工厂。猪场表面上风平浪静，其实质是风起云涌，危机四伏。一旦发病将没有有效的抗生素可用，让猪场三五年的心血几天之内付之东流。

含药物较多的教槽料，一般哺乳仔猪腹泻发生率极低，特别是环境恶劣的情况下腹泻极少；个别或较多的猪出现粪球形大便，更有甚者粪球外观黑色，粪球内没有消化的饲料颗粒明显。猪明显消化不好也不会出现腹泻，除了药物，其他任何正常饲料都不可能做到。

⑤ 生长速度和料肉比判断。综合评价仔猪断奶后 10 天内的日增重和料肉比，日增重 250 克以上，料肉比 1.3 以下效果应该非常不错，可以选用。

⑥ 毛色和精神状态判断。仔猪断奶后皮红毛亮，活泼好动，爱亲近人，这样的教槽料效果应该很好，可以选择使用。

（4）料槽的选择　料槽的选用对仔猪补饲效果和饲料浪费与否影响很大。料槽选择应随着仔猪身体的生长发育而改变，以既有利于引导仔猪采食，又不会造成饲料浪费，且保证有适宜的采食位置为原则。不宜自始至终使用一个型号的料槽。

（5）改善环境　改善猪场的硬件或软件措施，让猪生活得更舒服一些。

低抗生素的教槽料由于其抗生素较少，所以对环境的要求较高。应当在以下几个方面进行改善。

① 取暖方式：最好是热源在下面的取暖方式。

② 断奶后 2 周内猪舍温度应比断奶前高 2~3℃。

③ 产床、保温箱、保育床、电热板等硬件会让猪生活得更舒服一些，同时也会让猪更少地接触到粪便，更少地饮用尿水等。

④ 前期的教槽很重要，断奶前的仔猪一定要吃到一定的饲料。21 天断奶，断奶前的采食量最少是 500 克，28 天断奶，断奶前的采食量最少是 1 500 克。

⑤ 产房饲养员的责任心、技术水平、人员管理、人力是否足够等方面与教槽是否成功至关重要，而教槽是否成功将会影响猪断奶应激、断奶后腹泻、断奶后生长速度、全程经济效益甚至是猪的一生。

⑥ 注意天气对断奶仔猪的影响，及时调控，减少天气变化对乳猪的影响。

（6）教槽补饲的方法

① 自由采食。在仔猪经常出没的地方，在地板上（地面平养）或平板料槽（漏粪地板）撒上一些教槽料，让仔猪拱食、玩耍，或模仿母猪采食。每天多次撒料诱食。当仔猪了解教槽料的味道后，将教槽料放在浅的料槽中，让仔猪随意采食。料槽应固定好，以防仔猪拱翻。料槽中的饲料要少添勤添，保证饲料新鲜，防止饲料浪费。如果每头仔猪在断奶前累计采食了 600 克以上的教槽料，断奶后过渡就比较顺利。

② 强制诱食。将教槽料用水调制成糊状，用汤匙或直接用手挑起糊状料涂抹到仔猪口腔中，任其吞食，同时在地面上撒少许同样的教槽料。反复进行 2~3 天后仔猪就会逐渐学会吃料。

③ 母猪引导。地面平养的哺乳母猪，可以在干净的地板上撒少许分散的教槽料，让母猪引导仔猪采食。

④ 液体补料。将饲料泡成稀水料（水:料 =1：2）添加少量奶粉或代乳料，用专用的补料盆固定在产床上让仔猪吮吸，诱导其采食，直到断奶过渡到保育期。或者从出生后第 5 天开始采用液体饲料，从第 16 天开始过渡到颗粒料。

⑤ 限制哺乳。在哺乳后期，将仔猪隔离，限制哺乳次数，人为减少其对母乳的依赖，强迫仔猪采食饲料。

（三）预防腹泻

腹泻是哺乳仔猪最常发的疾病之一。影响仔猪腹泻的因素很多，包括病原微生物、营养、环境、管理等。哺乳期病原微生物感染是腹泻的重要原因之一。病原性腹泻的特点见表 4-4。

预防哺乳仔猪腹泻的主要的预防措施是加强管理，改善饲养环境。产仔前彻底消毒产房，哺乳期保持圈舍干燥、空气清新、温暖，尤其要注意仔猪保温，保持饮水清洁。对大肠杆菌性腹泻，可在母猪产前 21 天注射仔猪大肠杆菌苗。一旦发生腹泻，应及时治疗。

哺乳仔猪可因补饲不当而导致营养性腹泻。补料要求新鲜、适口性好、可消化率高。少给勤添，及时清除余料。

表 4-4　仔猪病原性腹泻及其特点

病原	腹泻种类	特点	预防措施
大肠杆菌	黄痢	早发、急性、高死亡，传染源为母猪	初乳 + 抗生素 + 清洁
	白痢	10~20 日龄高发，应激诱导或加剧感染	抗生素 + 管理
梭菌	红痢（梭菌性肠炎）	早发、急性、高死亡，粪及肠壁红色	抗生素 + 管理
密螺旋体	痢疾	7~12 周龄多发，主要病变在大肠	用药 + 管理
病毒	传染性胃肠炎（TGE）	各年龄发病，小猪死亡率高	抗生素防继发感染
球虫	球虫病	2 周龄多发，粪便稀软，呈糊状或牙膏状，灰黄色	3~4 日龄口服妥曲珠利

（四）去势

公母猪是否去势和去势时间取决于猪的品种、仔猪用途和猪场的生产管理水平。我国地方猪种性成熟早，肥育用仔猪如不去势，到一定阶段后，随着生殖器官的发育成熟会有周期性的发情表现，影响食欲和生长速度。公猪若不去势，其肉的膻味较浓，影响食用价值。因此，地方品种仔猪必须去势后进行肥育。二元或三元杂交猪，在较高饲养管理水平条件下，6个月龄左右即可出栏，母猪可不去势直接进行肥育，但公猪仍需去势。引进品种，因其生长迅速，肥育期短，不必去势。

一般肥育用仔猪，要求公猪在20日龄、母猪在30~40日龄前去势。仔猪去势后，应给予特殊护理，防止创口感染。

（五）八字腿的矫正

仔猪八字腿又名"外足"，是由于肌纤维发育不全所直接导致。这个疾病本身并不致命，死亡都是与之相关的饥饿和母猪碾压造成的，因此这种病造成的死亡率也存在很大差异，具体取决于猪场为仔猪提供的管理和照料水平。在饲养操作与管理欠缺的情况下，患仔猪的死亡率可达100%。

1. 表现形式

表现症状在出生时或出生后很短时间内出现，可表现为下列多种形式。

（1）星状　患仔猪前后腿均外翻呈八字（图4-12），这样的患猪无法站立，只能通过爬行或扭动身体来移动。

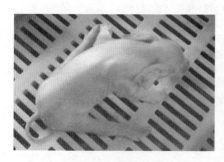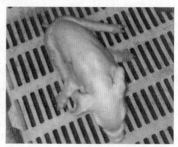

图4-12　前后腿外翻　　　　图4-13　后腿外翻

（2）后腿外翻 这是最常见的一种形式。后肢向外前侧翻伸出，后肢站立有困难（图4-13）。多数情况下患猪会呈"犬坐"状，靠扭动后体来移动。这会造成明显的皮肤损伤，从而引起继发感染。

（3）前腿外翻 这种情况非常少见，唯一能够见到这种病例的情况是蓝耳病暴发的早期。患猪后肢正常，但前腿向外侧翻出，患猪移动时下颌会拖在地上。这种患猪哺乳会非常困难，死亡率很高。

2.病因

八字腿是一种多因素的疾病，最少见的两种形式前腿外翻和"星状"八字腿，通常与母猪妊娠后期的疾病感染有关，疾病可能影响了神经和肌肉的发育。例如，在急性 PRRS 暴发的情况下就会出现这两种形式的八字腿。

然而，后腿外翻这种最常见的八字腿的原因却不是那么单一。总的来说，下列情况出现频率会较高。

① 有的猪场为了降低成本，没有采购优质饲料（玉米、豆粕、麦麸等），加上目前市面上的脱霉产品都不能彻底脱毒（个别猪场主没有认识到这点），因此很容易造成母猪霉菌毒素蓄积，甚至中毒，直接导致仔猪八字腿严重。这类情况出生的仔母猪多表现为外阴红肿，且多发生于个体较大的仔猪。

② 生产中的数据统计表明，长白猪和长大二元的仔猪发病率高于三杂猪，且存在一定的遗传性。

③ 能导致仔猪先天性震颤的疫病都可能引起八字腿，特别是圆环病毒感染、猪瘟等。

④ 母猪妊娠期的疫苗注射（特别是后期）或某些副作用较大的抗生素保健（如磺胺，土霉素等），高温嘈杂，发生热性病等应激也可加重八字腿的发生。近亲繁殖则可直接造成八字腿等其他畸形猪出生。

⑤ 饲料营养方面，国内普遍认为妊娠母猪饲料中硒、蛋氨酸、维生素 E 和胆碱不足是产生八字腿的重要原因。

⑥ 母猪体况过肥或过差，特别是过肥影响更大。

⑦ 接产时，仔猪身上的黏液未擦干净，若放入光滑垫板的保温箱中地板就更滑，新生仔猪可能因站立困难，后腿韧带被拉长而造成

八字腿。

3．预防

针对上述病因，采取相应的措施便可有效控制或减少仔猪八字腿。

首先必须保证饲料质量，尽量选用优质产品，加强饲料库房建设和保管，防止饲料到场后变质。猪场主应该树立一流饲料生产一流产品的思维。因有些饲料肉眼根本无法判断其是否霉变，所以母猪妊娠料应全程添加脱霉剂，霉变饲料绝对不能用于种猪。做好相应疫病控制，保障猪群健康；加强饲养管理，控制母猪体况适当；减少不良应激；初生仔猪的接产和护理相当重要，一定要尽量擦干仔猪身上的黏液，若保温地板比较光滑，可以垫上洁净干燥的毛巾或麻袋，防止仔猪滑成八字腿。

一句话，就是要求生产中所采取的每项决策和行动都要有利于猪。

4．治疗

前腿外翻和"星状"外翻八字腿的猪存活率非常低，尽早实施安乐死可能是最佳的方案。

对于后腿外翻的情况，只要能提供良好的护理并假以时日，患猪能够恢复得很好。有一套简便有效的治疗方案，成活率可达65%以上。首先通过人工单独护理保证其初乳的摄入，吃奶困难的可人工挤奶20毫升喂给。吃足初乳后，先把两后腿用胶带绑到正常腿距固定（图4-14）。采用绝缘胶带效果还可以，但注意一定要在胶带对皮肤

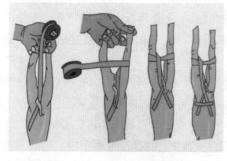

图4-14 仔猪八字腿的纠正

造成损伤之前将其取下，不可以用线绳或草绳拴捆），然后用细绳一端系牢仔猪尾巴，另一端打活结拴在产床钢管上，目的是强行让仔猪后肢站立着地，防止其坐下。这样就防止了被母猪压死，同时加快了猪只的康复。母猪喂奶时及时将活结打开，护理其吃奶，一般 2 天左右便可成功。

（六）预防接种

仔猪应在 30 日龄前后进行猪瘟、猪丹毒、猪肺疫和仔猪副伤寒疫苗的预防接种。预防注射应避免在断奶前后 1 周内进行，以减少应激，保证仔猪快速增重和成活。猪常用疫苗的特点及使用方法见表4-5。

表4-5 猪常用疫苗及使用方法

疫（菌）苗	预防的疾病	接种对象方法和说明	免疫期
猪瘟兔化弱毒苗	猪瘟	按瓶签注明的剂量加水稀释，各种大小猪只均肌内注射或皮下注射 1 毫升，4 天后产生免疫，哺乳仔猪在断奶后再注射一次	1.5 年
猪肺疫弱毒菌苗	猪肺疫	不论猪只大小，一律口服 1.5 亿个菌，按猪数计算需要菌苗量，用清水稀释后拌入饲料，注意让每只猪吃一定量料，口服 21 天后产生免疫力	3 个月
猪肺疫氢氧化铝菌苗	猪肺疫	不论大小猪只，一律皮下注射 5 毫升，接种 14 天后产生免疫力	9 个月
猪丹毒弱毒菌苗	猪丹毒	不论大小猪只，按瓶签稀释剂稀释，一律皮下注射 1 毫升。注射 7 天后产生免疫力	9 个月
猪丹毒氢氧化铝甲醛苗	猪丹毒	凡体重 10 千克以上的断奶仔猪，皮下注射 5 毫升，10 千克以下的仔猪或未断奶仔猪，皮下注射 3 毫升；间隔 45 天后，再注射 3 毫升。注射后 21 天产生免疫力	0.5 年
仔猪副伤寒弱毒菌苗	仔猪副伤寒	按瓶签注明稀释液稀释后，对 1 月龄以上健康哺乳仔猪或断奶仔猪，一律耳后薄层肌内注射 1 毫升	9 个月

（续表）

疫（菌）苗	预防的疾病	接种对象方法和说明	免疫期
无毒炭疽芽孢苗	炭疽	皮下注射 0.5 毫升，注射后 14 天产生免疫力	1 年
布氏杆菌猪型 2 号弱毒苗	布氏杆菌病	臀部肌内注射 1 毫升，仔猪、孕猪不能注射，因系活菌苗，用后的注射器、针头煮沸消毒	1 年
口蹄疫灭活疫苗	口蹄疫	耳根后颈部皮下注射 5 毫升，注射 14 天后产生免疫力。本品只能用于预防同型病毒的传染	2 个月

第二节　保育猪（断奶仔猪）的管理

　　保育猪（断奶仔猪）是指从断奶到 10 周龄阶段的仔猪。断奶使仔猪的生活条件发生重大改变，同时也是继剪牙、断尾及阉割后仔猪所经历的又一次重大应激。断奶对仔猪的影响主要表现在以下几个方面：一是营养的改变，由以吃液体母乳为主改成吃固体饲料；二是生活方式的改变，由依附母猪的生活改为完全独立的生活；三是生活环境的改变，由产房转到保育舍并伴随着重新混群；四是抗病力降低，由受母源抗体保护到母源抗体逐渐消退，易受到病原微生物的攻击。这些因素的改变给保育猪的饲养带来了若干问题，表现为食欲不振、增重缓慢甚至负增重。

一、断奶时间与方法

（一）早期断奶

　　仔猪断奶的适宜时间应根据仔猪的生理特点、母猪的泌乳量、养猪场（户）的饲养管理条件和养猪者的管理水平而定。从仔猪消化道酶系统发育的情况来看，仔猪在 4~5 周龄时可采食到所需干物质的一半的饲料，消化谷物类饲料的各种酶活力也大大上升，并超过乳糖酶，此时断奶仔猪受挫折较小，也较容易适应。母猪的泌乳量在分娩 3~4 周后开始下降，仔猪的生长曲线与母猪的泌乳曲线之间形成剪刀差，表明母乳在 3~4 周已不能满足仔猪的生长需要，因此，早期断奶就显得特别重要。如果条件允许可在 2~3 周龄断奶。

（二）早期断奶的优越性与条件

1.早期断奶可能带来的好处

① 双月龄时仔猪个体发育均匀。

② 减少母体挤压造成的损失，特别是带仔多的母猪，早期断奶可护理得更好。

③ 可完全控制营养，给予最好的全价饲粮，弥补母奶之不足，以利小猪更快更好地生长发育。

④ 较好地控制传染病和寄生虫（减少从母猪感染的机会），也可减少拉稀，并且可补充母猪奶中铁的不足。

⑤ 节约一些母猪饲料，即母猪维持和饲料经母猪转化成奶，再从奶转化为仔猪体成分两次转化的损失。

⑥ 母猪少失重，如果不再利用可很快育肥出售。

⑦ 母猪可更快地再配种、怀孕。

⑧ 使母猪产仔在全年分布更均匀，有助于市场销售量和价格的稳定，即减少淡旺季的差异。

2.早期断奶的条件

仔猪早期消化机能尚未健全，断奶过早势必造成仔猪采食量下降、消化不良、饲料利用率低、抗病和免疫能力差、腹泻、生长停滞和体况较差等所谓的"仔猪早期断奶应激综合征"。因此，早期断奶需要具备一定的前提条件，包括：第一，需要一个适口性好、消化率高的全价饲粮（诱食料和开食料）；第二，需要精心的管理，并要懂得怎样管理；第三，需要比较好的设施和环境卫生条件。

（三）断奶方法

仔猪断奶方法有多种，各有优缺点，应根据具体情况，灵活运用。

1.一次性断奶法

在仔猪预定断奶日期当天，将母猪与仔猪立即分开。该方法对母仔猪均有不利影响。一方面，仔猪受食物和环境的突然改变易产生惊恐不安、消化不良、腹泻、体重下降等；另一方面又易使泌乳充足的母猪乳房肿胀，甚至诱发乳房炎。但该法简单，工作量小。为减少母猪乳房炎的发生，应于断奶前 3~5 天减少母猪的饲料和饮水的供给量，以降低泌乳量，同时加强对母仔猪的护理。

2. 逐渐断奶法

在仔猪预定断奶日期前 5~7 天，把母猪赶到另外的圈舍或运动场与仔猪隔开，然后每天定时放回原圈，逐日递减哺乳次数。此方法可避免仔猪和母猪遭受突然断奶应激，适于泌乳较旺的母猪，尽管工作量大，但对母仔均有益。

3. 分批断奶法

根据仔猪的发育情况、用途，分批陆续断奶。将发育好、食欲强或拟作肥育用的仔猪先断奶，而发育差或拟作种用的后断奶。此法的缺点是断奶时间长，优点是可兼顾弱小仔猪和拟留作种用的仔猪，以适当延长其哺乳期，促进生长发育。

二、断奶仔猪的营养与饲喂技术

断奶后的营养调控对于减少腹泻、改善仔猪的生产性能起到至关重要的作用。

（一）合理地配制断奶饲粮

要求饲料原料新鲜，使用一定量的乳制品、喷雾干燥猪血浆或鱼粉等优质动物蛋白质饲料。适当降低饲粮蛋白质水平、保证氨基酸平衡，添加外源酶制剂、酸化剂、高铜（250 毫克 / 千克）和抗生素等添加剂。按体重阶段配制饲粮（表 4-6）。

表 4-6　仔猪阶段饲养饲粮配制方案

项目	阶段 1（断奶至 7 千克体重）高浓度养分饲粮	阶段 2（7~11 千克）乳清、玉米 - 豆饼型	阶段 3（11~23 千克）谷实 - 豆饼饲粮
粗蛋白质（%）	20~22		
赖氨酸（%）	1.5~1.6	18~20	
添加脂肪（%）	4~6	1.25	
乳清粉（%）	15~25	3~5	

（续表）

项目	阶段1（断奶至7千克）高浓度养分饲粮	阶段2（7~11千克）乳清、玉米-豆饼型	阶段3（11~23千克）谷实-豆饼饲粮
脱脂奶粉（％）	10~25	10~20	18
鱼粉（％）	0~3	3~5	1.10
铜（毫克/千克）	190~260	190~260	190~260
维生素E（毫克/千克）	40	40	40
硒（毫克/千克）	0.3	0.3	0.3

（二）早期断奶仔猪的饲喂技术

基本原则是控制饲料供给量，增加饲喂次数，避免突然换料。在断奶早期，每次供料量为自由采食量的60%~80%，每天饲喂5~7次。变换饲料时应有5~7天的适应期。饲料形态以小颗粒或液态为好。

刚转入保育舍的仔猪前3天每头仔猪可饮水1千克，4天后饮水量会快速上升，体重至10千克时日饮水量可增加到1.5~2.0千克。饮水不足会导致仔猪的采食量降低，直接影响到饲粮的营养价值，生长速度可降低20%。高温季节，保证猪的充足饮水尤为重要。每个栏内至少安装两个饮水器，按50厘米距离分开装，特别应考虑饮水器的安装高度，两个饮水器安装高度相差5~10厘米为宜，以利仔猪随时饮水和减少水的浪费。为了缓解仔猪断乳后的各种应激因素，通常在饮水中添加葡萄糖、钾盐、钠盐等电解质或维生素、抗生素等药物，以提高仔猪的抵抗力。

三、断奶仔猪的管理

（一）饲养环境控制

饲养环境控制方面，要遵循的原则主要是"三度一通风"，即要注意猪舍的温度和湿度，猪只的密度，猪舍的通风四个方面。

1. 温湿度控制

保育舍环境温度对仔猪影响很大，刚转入保育舍的猪只要注意保温，尤其要做好断乳10天内的仔猪的保温工作。在寒冷气候情况下，仔猪免疫力下降，生长滞缓，而且下痢、胃肠炎、肺炎等疾病的发生率也随之增加。生产中，当保育舍温度低于20℃时，应给予适当升温。要使保育猪正常生长发育，必须创造良好、舒适的生活环境。保育猪最适宜的环境温度为，21~30日龄28~30℃，31~40日龄27~28℃，41~60日龄26℃，以后温度为24~26℃。最适宜的相对湿度为65%~75%。保育舍内要安装温度和湿度计，随时了解室内的温度和湿度。

2. 密度控制

在一定圈舍面积条件下，密度越高，群体越大，越容易引起拥挤和饲料利用率降低。但在冬春寒冷季节，若饲养密度和群体过小，会造成小环境温度偏低，影响仔猪生长。密度高，则有害气体氨气、硫化氢等的浓度过大，空气质量相对较差，猪就容易发生呼吸道疾病。规模化猪场的栏舍一般采用漏缝或半漏缝地板，每栏饲养仔猪12~16头，每头仔猪占栏舍面积为0.3~0.5米^2。

3. 通风控制

氨气、硫化氢等污浊气体含量过高会使猪的呼吸道疾病发生率提高，通风是消除保育舍内有害气体含量和增加新鲜空气含量的有效措施，但过量的通风会使保育舍内的温度急骤下降。生产中，保温和换气应采用较为灵活的调节方式，两者兼顾。高温时可多换气，低温则先保温再换气。总之应根据舍内的温、湿度及环境的状况，及时开启或关闭门窗及卷帘。

（二）疾病预防控制

疾病预防控制的关键是要做好日常的环境卫生管理、消毒管理、猪群保健、疫苗免疫和及时准确的疫病诊断。

1. 环境卫生管理

及时清理仔猪的粪便，保持保育栏的干燥清洁。禁止用水直接冲洗保育栏，湿冷的保育栏极易引起仔猪下痢。走道也尽量少用水冲洗，保持整个环境的干燥和卫生。

2. 消毒管理

猪舍定期消毒是切断传染病传播途径的有效措施。消毒时间要固定，一般一周消毒 2 次，发现疫情时每天 1 次，要严格执行消毒制度。每次消毒前应将圈舍彻底清扫干净，包括猪舍门口、猪舍内外走道等，为了防止保育舍潮湿，一般不提倡用水直接冲洗。消毒包括环境消毒和带猪消毒，环境消毒可用 3% 的烧碱水进行喷洒消毒；带猪消毒可以用消特灵、过氧乙酸等交替使用，在猪舍内进行喷雾消毒。平时猪舍门口的消毒池或消毒桶中要放入 3% 的烧碱水，每星期更换 2 次。

3. 猪群保健

保育猪饲养阶段最常见的就是胃肠道和呼吸道疾病。通常在刚转入保育阶段容易出现腹泻，转入保育舍 25~30 天容易出现咳嗽。因此，作为预防性用药，可选择在从教槽料过渡到保育料的阶段每吨饲料（饮水加药剂量减半）添加氟哌酸 300g 或硫酸新霉素 400 克，可有效预防换料应激引起的腹泻；也可从饲料营养方面着手控制保育猪的腹泻问题，研究表明，在断奶仔猪饲料中添加 3 000 毫克 / 千克的锌（以氧化锌形式提供）具有良好的控制腹泻和促进生长效果。在转入保育舍 20~25 天阶段每吨饲料（饮水加药剂量减半）中添加泰妙菌素 120 克，电解多维 1 000 克，葡萄糖 2 000 克；或加入氟苯尼考 400 克，电解多维 1 000 克，葡萄糖 2 000 克，可有效地预防呼吸道疾病的发生。冬季可在猪舍内采用醋酸熏蒸降低猪舍内 pH 值，以防止不耐酸致病微生物的入侵。保育将要结束时，体重大约在 15 千克，要统一进行一次驱虫。常用的驱虫药品有阿维菌素、伊维菌素、左旋咪唑，具体用药量可根据猪的体重。体内寄生虫用阿维菌素按每千克体重 0.2 毫克或左旋咪唑按每千克体重 10 毫克计算量拌料，分两次隔日喂服。体外寄生虫用 12.5% 的双甲脒乳剂兑水喷洒猪体。驱虫后要将排出的粪便彻底清除并作妥当处理，防止粪便中的虫体或虫卵造成二次污染。

4. 疫苗免疫

疫苗免疫是预防重大传染性疾病发生的关键性措施。作为规模场的免疫方案，保育猪阶段一般进行接种链球菌病的疫苗，总的原则是在保育阶段不要接种过多的疫苗。注射疫苗时，一定要先固定好仔猪，然后在准确的部位注射，不同类的疫苗同时注射时要分左右注射。对出现过敏反应的猪将其放在空圈内，防止其他仔猪挤压和踩踏，等过一段时间就可慢慢恢复过来。若出现严重过敏反应，则肌内注射肾上腺皮质激素进行紧急抢救。每栏仔猪要挂上免疫卡，记录转栏日期、注射疫苗情况，免疫卡随猪群移动而移动。

四、断奶仔猪常出现的问题

断奶仔猪的管理，特别是断奶后的第 1 周，是仔猪管理环节的"重中之重"，因为断奶是仔猪出生后的最大应激因素。仔猪断奶后的饲养管理技术直接关系到仔猪的生长发育，搞不好会造成仔猪生长发育迟缓、仔猪腹泻，甚至诱发疾病，造成高死淘率等严重后果。

（一）断奶仔猪常出现的问题

1. 断奶后生长受阻

断奶后仔猪的生长速度立即下降。由于断奶应激，仔猪在断奶后的几天内食欲较差，采食量不够，造成仔猪体重不仅不增加，反而下降。往往需 1 周时间，仔猪体重才会重新增加。断奶后第 1 周仔猪的生长发育状况会对其一生的生长性能有重要影响。据报道，断奶期仔猪体重每增加 0.5 千克，则达到上市体重标准所需天数会减少 2~3 天。但是如断奶后一周出现 0.5~1 千克的负增重，我们将付出的代价是 15~20 天的延长出栏时间。

2. 仔猪腹泻

断奶仔猪通常会发生腹泻，表现为食欲减退、饮欲增加、排黄绿稀粪。腹泻开始时尾部震颤，但直肠温度正常，耳部发绀。死后解剖可见全身脱水，小肠胀满。

3. 诱发副猪嗜血杆菌病死亡

多发生于断奶后的第 2 周，发病率一般在 10%~15%，严重时死亡率可达 50%。表现为发热，食欲下降、皮肤发红或苍白，被毛粗乱，腹式呼吸，行走缓慢或不愿站立，腕关节、跗关节肿大，生长不良，直至衰褐而死亡。

（二）断奶仔猪出现以上问题的原因

1. 仔猪生理特点

仔猪整个消化道发育最快的阶段是在 20~70 日龄，说明 3 周龄以后因消化道快速生长发育，仔猪胃内酸环境和小肠内各种消化酶的浓度有较大的变化。母乳中的乳糖在仔猪胃中转化成乳酸，保证胃酸度较大，即 pH 值较小。仔猪一经断奶，胃内 pH 值则明显提高。仔猪消化道内酶的分泌量一般较低，但随消化道的发育和食物的刺激而发生重大变化。如果提前给乳猪补充饲料，而且设法尽可能多采食开口料，可刺激胃肠道发育，促进胃酸和消化酶分泌功能，对饲料消化能力增强，减少断奶后的消化不良引起的腹泻，大大提高断奶后的抗病力。

2. 仔猪的免疫状态

新生仔猪从初乳中获得母源抗体，在 1 日龄时母源抗体达最高峰，然后抗体浓度逐渐降低。第 2~4 周母源抗体浓度较低，而自身免疫也不完善，如果在此期间断奶，仔猪容易发病。研究发现，肠道黏膜下集结全身 60%~70% 免疫细胞，是最大的"免疫器官"。因此，吃母乳时，尽可能多地补饲开口料刺激消化功能，减少断奶时肠黏膜损伤，即可提高断奶猪免疫功能。

3. 微生物区系变化

哺乳仔猪消化道的微生物是乳酸菌占优势，它可减轻胃肠中营养物质的破坏、减少毒素产生、提高胃肠黏膜的保护作用、有力地防止因病原菌造成的消化紊乱与腹泻。乳酸菌最宜在酸性环境中生长繁殖。断奶后，食物结构发生变化，胃内 pH 值升高，乳酸菌逐渐减少，大肠杆菌逐渐增多（pH 值为 6~8 时环境中生长），原微生物区系受到破坏，导致疾病发生。

4. 应激反应

仔猪断奶后，因离开母猪，在精神和生理上会产生一种应激，加之离开原来的生活环境，对新环境不适应，如舍温低、湿度大、有贼风，以及房舍消毒不彻底，导致仔猪发生条件性腹泻。

5. 营养问题

也许是唯一的问题。大多数猪场饲养管理人员重视认识程度不够深刻，在仔猪至关重要的过渡期（断奶后，仔猪立刻由母乳喂养转变为吃饲料，没办法很好地进行消化吸收的固体饲料的过程）没有给予正确合理的营养。

在日粮配方设计方面，使日粮的消化吸收尽可能在仔猪消化系统中进行特别早期断奶仔猪，不能为降低成本用质量不高的乳猪饲料，减少生长受阻现象。

（三）管理措施

1. 提前补饲，设法做到补料量最大化

造成仔猪断奶应激的根本原因，就是仔猪断奶时对饲料的消化功能弱，之后几天内摄入营养物质少，造成营养负平衡。因此，通过提前补饲，刺激胃酸－消化酶分泌功能，适应消化植物性营养。断奶后即可采食、消化吸收饲料营养，不会出现营养负平衡。研究表明，小肠微绒毛长度与断奶后采食量呈正比，高采食量利于保育猪肠道尽快发育完善，降低断奶应激，提高抗病力，加快保育期长势，实现"多活、均匀、快长"。28 日龄乳猪，断奶前累计补料量至少 400 克 / 头。遵循少给勤添，保持饲料新鲜为原则。刚开始补饲和刚断奶几天内，可用温开水将饲料调制成粥状（图 4-15），利于仔猪采食。

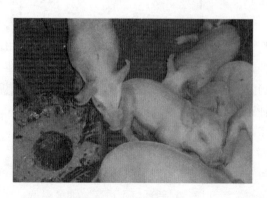

图 4-15　补饲粥状饲料

2. 选择高质量的开口保育饲料

首要考虑条件是采食量高、易消化和营养性腹泻少。解决仔猪消化不良引起的腹泻要从饲料的易消化性和添加促消化制剂着手，而不是通过添加大量抗生素掩盖等。这样利于猪肠道尽早发育，微生态区系形成，完善消化功能，增强肠黏膜的免疫功能，提高断奶猪的抗病力和保育期成活率。应用适合仔猪消化生理特点的饲料原料（如乳清粉、优质鱼粉、发酵豆粕等），采用先进生产设备工艺制成酥软、易消化的高品质开口料。更易使10日龄左右哺乳仔猪提前吃料，多吃料，促使消化道发育，可尽早完善消化和免疫功能。

3.饮水中添加有机酸化剂

仔猪消化道酸碱度（pH值）对日粮蛋白质消化十分重要。大量研究表明，在3~4周龄断奶仔猪玉米－豆粕型日粮中添加有机酸，可明显提高仔猪的日增重和饲料的转化率。另外，酸化剂还可杀死饮水管线中的病原菌，减轻断奶仔猪腹泻，提高断奶猪成活率和健康程度，提高养殖效益。已知有机酸中效果确切的有柠檬酸、富马酸（延胡索酸）和丙酸。一定选择含酸量高、缓冲性好、不腐蚀皮肤黏膜的复合性酸化剂。

4.添加高品质的发酵饲料

发酵饲料因其发酵产酸、产消化酶，含有大量益生菌，进入肠道抑制有害菌繁殖，促进饲料消化，尽早建立肠道微生物群系。加之含有酸香气味，诱食性好，乳仔猪采食量大，协同促进仔猪肠道发育尽早成熟，提高仔猪的成活率和生长率，加快后期长势。综合作用，提升乳仔猪肠道健康水平，获得最佳消化吸收功能和生长潜能，解决制约目前养猪效益提升的关键环节。但是市场上的发酵饲料良莠不齐，养殖场可以自己选择活力强的复合益生菌发酵剂，运用自家饲料制作发酵饲料，实用高效。

5.其他管理措施

（1）母去仔留 断奶仔猪对环境变化的应变能力很差，尤其是温度变化。仔猪断奶后，将母猪赶走，让仔猪继续待在原圈（图4-16），可以减少应激程度。

（2）适宜的舍温 刚断奶仔

图4-16 母去仔留

猪对低温非常敏感。一般仔猪体重越小，要求的断奶环境温度越高，并且越要稳定。据报道，断奶后第1周，日温差若超过2℃，仔猪就会发生腹泻和生长不良的现象。

（3）干燥的地面　应该保持仔猪舍清洁干燥。潮湿的地面不但使动物被毛紧贴于体表，而且破坏了被毛的隔热层，使体温散失增加。原本热量不足的仔猪更易着凉和体温下降。

（4）避免贼风　研究表明，暴露在贼风条件下的仔猪，生长速度减慢6%，饲料消化增加16%。

第三节　生长育肥猪的饲养管理

生长育肥猪的饲养是养猪生产中最后的一个环节，占用的资金多、耗料多，最终目的是让养猪生产者投入最少的饲料和劳动力，在尽可能短的时间内，生产出成本最低、数量最多、质量最好的猪肉供应市场，满足广大消费者日益增长的物质需求，并从中获取最大的经济利益。而影响生长育肥猪生长发育的因素较多，单靠某一种技术是难以达到这个目的的。为此，生产者一定要根据生长育肥猪的生理特点和生长发育规律，满足各种营养需要，采用科学的饲养管理和疫病防治技术，从而达到猪只胴体品质优良、成本低和效益高的目的。

一、生长育肥猪的生理特点与营养需求

（一）生长育肥猪的生理特点

1. 不同体重阶段的生理特点

从猪的体重看，生长育肥猪的生长过程可分为生长期和育肥期两个阶段。

（1）生长期的生理特点　体重20~60千克为生长期。此阶段猪的机体各组织、器官的生长发育功能不很完善，尤其是刚刚20千克体重的猪，其消化系统的功能较弱，消化液中某些有效成分不能满足猪的需要，影响了营养物质的吸收和利用，并且此时猪只胃的容积较小，神经系统和机体对外界环境的抵抗力也正处于逐步完善阶段。这

个阶段主要是骨骼和肌肉的生长，而脂肪的增长比较缓慢。

（2）肥育期的生理特点　体重60千克至出栏为肥育期。此阶段猪的各器官、系统的功能都逐渐完善，尤其是消化系统有了很大发展，对各种饲料的消化吸收能力都有很大改善；神经系统和机体对外界的抵抗力也逐步提高，逐渐能够快速适应周围温度、湿度等环境因素的变化。此阶段猪的脂肪组织生长旺盛，肌肉和骨骼的生长较为缓慢。

2．不同生长阶段的增重规律及组织生长特点

猪在生长发育过程中，各阶段的增重及组织的生长是不同的，也是有规律的。

（1）体重的增长规律　在正常的饲料条件、饲养管理条件下，猪体的每月绝对增重是随着年龄的增长而增长，而每月的相对增重（当月增重 ÷ 月初增重 × 100），是随着年龄的增长而下降，到了成年则稳定在一定的水平。就是说，小猪的生长速度比大猪快，一般猪在100千克前，猪的日增重由少到多，而在100千克以后，猪的日增重由多到少，至成年时停止生长。也就是说，猪的绝对增长呈现慢 – 快 – 慢的增长趋势，而相对生长率则以幼年时最高，然后逐渐下降。

（2）猪体内组织的增长规律　猪体骨骼、肌肉、脂肪、皮肤的生长强度也是不平衡的。一般骨骼是最先发育，也是最先停止的。骨骼是先向纵行方向长（即向长度长），后向横行方向长。肌肉继骨骼的生长之后而生长。脂肪在幼年沉积很少，而后期加强，直至成年。如初生仔猪体内脂肪含量只有2.5%，到体重100千克时含量高达30%左右。脂肪先长网油，再长板油。小肠生长强度随年龄增长而下降，大肠则随着年龄的增长而提高，胃则随年龄的增长而提高。总的来说，育肥期20~60千克为骨骼发育的高峰期，60~90千克肌肉发育高峰期，100千克以后为脂肪发育的高峰期。所以，一般杂交商品猪应于90~110千克屠宰为适宜。

（3）猪体内化学成分的变化规律　猪体内蛋白质在20~100千克这个主要生长阶段沉积，实际变化不大，每日沉积蛋白质80~120克；水分则随年龄的增长而减少；矿物质从小到大一直保持比较稳定的水平。如体重10千克时，猪体组织内水分含量为73%左右，蛋白质含

量为 17%；到体重 100 千克时，猪体组织内水分含量只有 49%，蛋白质含量只有 12%。

（二）生长育肥猪的营养需要

生长育肥猪的经济效益主要是通过生长速度、饲料利用率和瘦肉率来体现的，因此，要根据生长育肥猪的营养需要配制合理的日粮，以最大限度地提高瘦肉率和肉料比。

动物为能而食，一般情况下，猪日采食能量越多，日增重越快，饲料利用率越高，沉积脂肪也越多。但此时瘦肉率降低，胴体品质变差。蛋白质的需要更为复杂，为了获得最佳的肥育效果，不仅要满足蛋白质量的需求，还要考虑必需氨基酸之间的平衡和利用率。能量高使胴体品质降低，而适宜的蛋白质能够改善猪胴体品质，这就要求日粮具有适宜的能量蛋白比。由于猪是单胃杂食动物，对饲料粗纤维的利用率很有限，研究表明，在一定条件下，随饲料粗纤维水平的提高，能量摄入量减少，增重速度和饲料利用率降低。

因此，猪日粮粗纤维不宜过高，肥育期应低于 8%。矿物质和维生素是猪正常生长和发育不可缺少的营养物质，长期过量或不足，将导致代谢紊乱，轻者增重减慢，严重的发生缺乏症或死亡。生长期为满足肌肉和骨骼的快速增长，要求能量、蛋白质、钙和磷的水平较高，饲粮含消化能 13.0~13.5 兆焦 / 千克，粗蛋白质水平为 15%~16%，赖氨酸 0.55%~0.65%，蛋氨酸 + 胱氨酸 0.37%~0.42%，钙 0.50%~0.55%，磷 0.40%~0.45%。肥育期要控制能量，减少脂肪沉积，饲粮含消化能 12.2~12.9 兆焦 / 千克，粗蛋白质水平为 13%~15%，赖氨酸 0.5%，钙 0.45%，磷 0.35%~0.4%，蛋氨酸 + 胱氨酸 0.28%。

二、生长育肥猪的饲养

（一）影响生长育肥猪高产肥育的因素

1. 猪种

不同品种在育肥过程中，在饲料、饲养管理、饲养时间、方法、措施等条件都相同，它的增重是不同的，如东山猪要比陆川猪日增重快 10%~15%，不同杂交猪，其增重速度也不同，例如陆川

母猪 × 约克公猪，平均日增重 500 克，约杂一代母猪 × 长白公猪，平均日增重 600 克，一般杂种后代，比本地亲本的增重平均值提高 15%~25%。

2. 饲料

饲料对增重影响很大。一是饲料数量的影响，猪吃得多，生长快，如 30 千克的小猪，日食 2.5 千克精料可长 1 千克体重，吃 2 千克料，只能长 0.7 千克。当然过多也会造成浪费。另一个是饲料品质的影响，如小猪日粮中所含蛋白质水平和氨基酸的种类，比例是否完全平衡。如粗蛋白质水平 18%，比 14% 的增重快，同时用混合饲料比单一饲料喂猪增重快。

3. 育肥前仔猪的体重

育肥前体重大、生长发育好的仔猪，要比体重小、生长发育差的，育肥效果要好，一般来说，断奶体重越大，肥育效果越好。

4. 年龄

按单位体重的增重率计，年龄越小，增重速度越快，年千克增重耗料越少。例如，10 千克仔猪，每月增重 7 千克，增重率 70%，料肉比 2.0∶1；80 千克的大猪，每月增重 20 千克，增重率只有 25%，料肉比 3.2∶1，所以小猪阶段比大猪增重大，效益好。

5. 猪只饲养密度

据试验，一栏养 10 头，每头占地面积 1.2 米^2，日增重 610 克，另一栏养 15 头，每头占地面积 0.8 米^2，日增重 580 克，适当宽度对增重是有利的。

此外，性别（公猪比母猪增重快）、阉割（阉割的比不阉割的增重快）、温度（秋天肥育比夏天、冬天快），以及饲养方法（不限料比限料快），饲喂餐数，驱虫与否等对高产肥育都有影响。

（二）生长育肥猪的饲养

育肥猪是获得养猪生产最好经济效益的关键时期。育肥猪生产性能的发挥直接决定着一个猪场的盈利多少，所以搞好育肥猪阶段的管理，也就是猪场管理的锦上添花。

提高育肥猪的生产力，除了要选择优良的瘦肉型生长育肥猪品种和杂交组合、提高仔猪初生重和断奶重、适宜的饲粮营养以外，要重点关注以下饲养技术措施。

1. 选择适当的育肥方式

（1）一贯育肥法 就是从 25~100 千克均给予丰富营养，中期不减料，使之充分生长，以获得较高的日增重，要求在 4 个月龄体重达到 90~100 千克。

饲养方法：将生长育肥猪整个饲养期分成两个阶段，即前期 25~60 千克，后期 60~100 千克；或分成 3 个阶段，即前期 25~35 千克，中期 35~60 千克，后期 60~100 千克。各期采用不同营养水平和饲喂技术，但整个饲养期始终采用较高的营养水平，而在后期采用限量饲喂或降低日粮能量浓度方法，可达到增重速度快、饲养期短、生长育肥猪等级高、出栏率高和经济效益好的目的。

① 肥育小猪一定是选择二品种或三品种杂交仔猪，要求发育正常，70 日龄转群体重达到 25 千克以上，身体健康、无病。

② 肥育开始前 7~10 天，按品种、体重、强弱分栏、阉割、驱虫、防疫。

③ 正式肥育期 3~4 个月，要求日增重达 1.2~1.4 千克。

④ 日粮营养水平，要求前期（25~60 千克）每千克饲粮含粗蛋白质 15%~16%，消化能 13.0~13.5 兆焦 / 千克，后期（60~100 千克）粗蛋白质 13%~15%，消化能 12.2~12.9 兆焦 / 千克，同时注意饲料多种搭配和氨基酸、矿物质、维生素的补充。

⑤ 每天喂 2~3 餐，自由采食，前期每天喂料 1.2~2.0 千克，后期 2.1~3.0 千克。精料采用干湿喂，青料生喂，自由饮水，保持猪栏干燥、清洁，夏天要防暑、降温、驱蚊，冬天要关好门窗保暖，保持猪舍安静。

（2）前攻后限育肥法 过去养肉猪，多在出栏前 1~2 个月进行加料猛攻，结果使猪生产大量脂肪。这种育肥不能满足当今人们对瘦肉的需要。必须采用前攻后限的育肥法，以增加瘦肉生产。前攻后限的饲喂方法：仔猪在 60 千克前，采用高能量、高蛋白日粮，每千克混合料粗蛋白质 15%~17%，消化能 13.0~13.5 兆焦 / 千克，日喂 2~3 餐，每餐自由采食，以吃饱为度，尽量发挥小猪早期生长快的优势，要求日增重达 1~1.2 千克以上。在 60~100 千克阶段，采用中能量、中蛋白，每千克饲料含粗蛋白质 13%~14%，消化能 2.2~12.9 兆焦 /千克，日喂二餐，采用限量饲喂，每天只吃 80% 的营养量，以减少脂肪沉积，要求日增重 0.6~0.7 千克。为了不使猪挨饿，在饲料中可增加粗料比例，使猪既能吃饱，又不会过肥。

（3）生长育肥猪原窝饲养　猪是群居动物，来源不同的猪并群时，往往出现剧烈的咬斗，相互攻击，强行争食，分群躺卧，各据一方，这一行为严重影响了猪群生产性能的发挥，个体间增重差异可达13%。而原窝猪在哺乳期就已经形成群居秩序，生长育肥猪期仍保持不变，这对生长育肥猪生产极为有利。但在同窝猪整齐度稍差的情况下，难免出现些弱猪或体重轻的猪，可把来源、体重、体质、性格和吃食等方面相近似的猪合群饲养，同一群猪个体间体重差异不能过大，在小猪（前期）阶段群体内体重差异不宜超过 2~3 千克，分群后要保持群体的相对稳定。

2.选择适当的喂法及餐数

（1）饲喂的方式　通常育肥的饲养方式，有"自由采食"和"定餐喂料"两种方式。这两种饲养方式各有优缺点。自由采食大家知道，省时省工，给料充足，猪的发育也比较整齐。但是缺点是容易导致猪的"厌食"；该方法还很容易造成饲料的浪费，因为料充足，猪有事儿没事儿到处拱，造成浪费比较大；也容易造成霉变，因为，以前添加的饲料如果没有清理干净，很容易在料槽底存积发生霉变。自由采食再一个缺点是：猪只不是同时采食，也不是同时睡觉，所以很难观察猪群的异常变化；也容易使部分饲养员养成懒惰的作风，因为把料倒入槽里以后就没事儿，根本不进猪栏，不去观察猪群。

定餐喂料也有它的优点：可以提高猪的采食量，促进生长，缩短出栏时间。我做过详细的试验，同批次进行自由采食的猪和定餐喂料的猪相比，如果定餐喂料做得好，可以提前 7~10 天上市。定餐喂料的过程中，更易于观察猪群的健康状况。定餐喂料的缺点是：每天要分 3~4 餐喂料，这样饲养员工作量加大了。另外，对饲养员的素质要求高了，每餐喂料要做到准确，难以控制；如果饲养员素质不高，责任心不强，很容易造成饲料浪费或者喂料不足的情况。喂料的原则就要：保证猪只充分喂养。充分喂养，就是让猪每餐吃饱、睡好，猪能吃多少就给它吃多少。

曾经有一位个体户老板说，猪长到 75 千克以后就不怎么给猪喂料了。他认为这猪一天要吃 2.5~3 千克，得要很多料钱。

但是他没想到，到了育肥后期猪一天要增重一千多克，能赚很多钱。

那么到底一头育肥猪一天要喂多少？很多人心里没数。现告诉大家一个简单的估算方法，一般每天喂料量是猪体重的 3%~5%。比如，20 千克的猪，按 5% 计算，那么一天大概要喂 1 千克料。以后每一个星期，在此基础上增加 150 克，这样慢慢添加，那么到了大猪 80 千克后，每天饲料的用量，就按其体重的 3% 计算。当然这个估计方法也不是绝对的，要根据天气、猪群的健康状况来定。

三餐喂料量是不一样的，提倡"早晚多，中午少"。一般晚餐占全天耗料量的 40%，早餐占 35%，中餐占 25%，为什么？因为晚上的时间比较长，采食的时间也长；早晨，因为猪经过一晚上的消化后，肠胃已经排空，采食量也增加了；中午因为时间比较短，且此时的饲喂以调节为主，如早上喂料多了，中午就少喂一点。相反，早上喂少了，中午就喂多一点。

（2）改熟料喂为生喂　青饲料、谷实类饲料、糠麸类饲料，含有维生素和有助于猪消化的酶，这些饲料煮熟后，破坏了维生素和酶，引起蛋白质变性，降低了赖氨酸的利用率。有人总结 26 个系统试验的结果，谷实饲料由于煮熟过程的耗损和营养物质的破坏，利用率比生喂的降低了 10%。同时熟喂还增加设备、增加投资、增加劳动强度、耗损燃料。所以一定要改熟喂为生喂。

（3）改稀喂为干湿喂　有些人以为稀喂料可以节约饲料。其实并非如此。猪快不快长，不是以猪肚子胀不胀为标准的，而是以猪吃了多少饲料，又主要是这些饲料中含有多少蛋白质、多少能量及其他们利用率为标准的。

稀料喂猪缺点很多。第一，水分多，营养干物质少，特别是煮熟的饲料再加水，干物质更少，影响猪对营养的采食量，造成营养的缺乏，必然长得慢。第二，水不等于饲料，因它缺乏营养干物质，如在日粮中多加水，喝到肚子里，时间不久，几泡尿就排出体外，猪就感到很饿，但又吃不着东西，结果情绪不安、跳栏、撬墙。第三，影响饲料营养的消化率。饲料的消化，依赖口腔、胃、肠、胰分泌的各种蛋白酶、淀粉酶、脂肪酶等酶系统，把营养物质消化、吸收。喂的饲料太稀，猪来不及咀嚼，连水带料进入胃、肠，影响消化，也影响胃、肠消化酶的活性，酶与饲料没有充分接触，即使接触，由于水把消化液冲淡，猪对饲料的利用率必然降低。第四，喂料过稀，易造成肚大下垂，屠宰率必然下降。

采用干湿喂是改善饲料饲养效果的重要措施，应先喂干湿料，后喂青料，自由饮水。这样既可增加猪对营养物质的采食量，又可减少因排尿多造成的能量损耗。

（4）喂料要注意"先远后近"的原则，以提高猪的整齐度 有这样一个现象，越是靠近猪栏进门和靠近饲料间的这些猪栏里，猪都长得很快，越到后面猪栏猪越小，这是为什么？肯定是喂料不充足。所以要求饲养员喂料，并不是从前往后喂，而是反过来，要从后面往前面喂，为什么？因为，有些饲养员推一车料，从前往后喂，看到料快完了，就慢慢减少喂料量，最后就没有了，他也懒得再加料了。如果我从远往近喂的话，最后离饲料间近，饲养员补料也方便了，所以整齐度也提高了。

（5）保证猪抢食 养肥猪就要让它多吃，吃得越多长得越快。怎么让猪多吃？得让它去抢。如果喂料都是均衡的话，它就没有"抢"的意识了。如果每餐料供应都很充裕的话，猪就不会去抢了。所以，平时要求饲养员，每个星期，尽量让猪把槽里的料吃尽吃空两次。比如，星期一本来这一栋栏这餐应该喂4包饲料的，就只给喂3包，让猪只有一种饥饿感，到下一餐时，因为有些猪没吃饱，要抢料，采食量提高了；抢了几天以后，因喂料正常，"抢"的意识又淡化了。那么，到了星期四的中午，又进行控料一次，这样一来，这些猪又抢料。这样始终让猪处于一种"抢料"的状况，提高采食量和生长速度，进而即可提前出栏，增加效益。

3.用料管理

育肥猪在不同阶段的营养要求不一样。某些猪场的育肥猪饲料始终只有一种料。

（1）要减少换料应激　饲料的种类和精、粗、青比例要保持相对稳定，不可变动太大，转群以后要进行换料。在变换饲料时要逐渐进行，使猪有个适应和习惯的过程，这样有利于提高猪的食欲以及饲料的消化利用率。为了减少因换料给仔猪造成的应激，转入生长育肥舍后由保育料换生长料时应该过渡，实行"三天换料"或"五天换料"的方法。实行"三天换料"时，第一天，保育猪料和育肥料按2∶1配比饲喂；第二天，保育猪料和育肥料按1∶1；第三天保育猪料和育肥料按1∶2。这样三天就过渡了。"五天换料"时，在转入生长育肥舍后第一天继续饲喂保育料，第二天开始过渡饲喂生长料，生长料∶保育料为7∶3；第三天，生长料∶保育料为5∶5，第四天，生长料∶保育料为3∶7，第五天开始全部饲喂生长料。

（2）要减少饲料的无形浪费　有的人讲：饲料多喂是浪费，那就少给。其实，少给料同样也是一种浪费；因为，少给料以后，猪饥饿不安，到处游荡，消耗体能。这个"体能"从哪儿来？从饲料中来，要通过饲料的转化。这样，饲料的利用率就无形中降低了，料肉比就高了。另外猪饥饿嚎叫，也是消耗能量，也要通过饲料来转化，所以我们喂料要做到投料均匀，不能多，也不能少。这是喂料的要求。

4. 合理饮水

水是调节体温、饲料营养的消化吸收和剩余物排泄过程不可缺少的物质，水质不良会带入许多病原体，因此既要保证水量充足，又要保证水质。实际生产中，切忌以稀料代替饮水，否则造成不必要的饲料浪费。

生长育肥猪的饮水量随体重、环境温度、日粮性质和采食量等而变化。一般在冬季，生长育肥猪饮水量为采食风干饲料量的2~3倍或体重的10%左右；春秋季约为4倍或16%；夏季约为5倍或23%。饮水的设备以自动饮水器最佳。

三、生长育肥猪的管理

（一）做好入栏前的准备工作

有的饲养员可能经验不足，猪一卖完以后，马上进行冲栏、消毒，这当然不错，但是方法不对。猪群走完以后，首先我们要把猪栏进行浸泡，用水将猪栏地板、围栏打潮，每次间隔 1~2 个小时，把粪便软化，再进行冲洗，这样冲洗就快了，可节省时间，提高效率。还有的饲养员冲完栏以后，立即就进行消毒，这个方法不对。按正常的程序，是浸泡—冲洗干净—干燥—消毒—再干燥—再消毒，这样达到很好的效果。

育肥猪入栏前，要做好各项准备工作，包括对猪栏进行修补、计划和人员安排等。比方说，育肥猪每栋计划进多少，哪个饲养员来饲养，这些都要提前做好安排，包括明天要转猪，天气是晴天还是雨天，都要有所了解。对设备、水电路进行检查，饮水器是否漏水？有没有堵塞？冬天入栏前猪舍内保暖怎样？都要考虑。

猪群入栏以后，首要的工作就是要进行合理的分群，要把公母猪进行分群，大小强弱要进行分群，为什么要进行分群？目的就是提高猪群的整齐度，保证"全进全出"。实际上，公母分群时间不应是在育肥阶段，在保育阶段已经完成。

1. 清洗

首先将空出的猪舍或圈栏彻底清扫干净，确保冲洗到边到头，到顶到底，任何部位无粪迹、无污垢等。

2. 检修

检查饮水器是否被堵塞；围栏、料槽有无损坏；电灯、温度计是否完好，及时修理。

3. 消毒

对于多数消毒剂来说，如果不先将欲消毒表面清洗干净，消毒剂是无法起到消毒效果的。一般来说，粪便通常会使消毒剂丧失活性，从而保护其中的细菌和病毒不被消毒剂杀死；消毒剂需要与病原亲密接触并有足够时间才有效果。

先用 2%~3% 的火碱水喷洒、冲洗，刷洗墙壁、料槽、地面、门窗。消毒 1~2 个小时后，再用清水冲洗干净。舍内干燥后，再用其他消毒剂，如戊二醛、碘制剂等消毒液消毒 1 次。

4. 调温

将温度控制在 20℃ 左右。夏季准备好风扇、湿帘等，采取相应的降温措施；冬季采用双层吊顶，北窗用塑料薄膜封好，生炉子、通

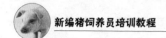

暖气等方法升温，温度要大于 18℃。

（二）转栏与分群调群

在仔猪 11 周龄始由保育舍转入生长育肥舍，可以采取大栏饲养，每圈 18 头左右。圈长 7.8 米，宽 2.2 米，栏高 1 米，每圈实用面积 17 米²，每头生长育肥猪占用 0.85 米²。为了提高仔猪的均匀整齐度，保证"全进全出"工艺流程的顺利运作，从仔猪转入开始根据其公母、体重、体质等进行合理组群，每栏中的仔猪体重要均匀，同时做到公母分开饲养。注意观察，以减少仔猪争斗现象的发生，对于个别病弱猪只要进行单独饲养特殊护理。

要根据猪的品种、性别、体重和吃食情况进行合理分群，以保证猪的生长发育均匀。分群时，一般应遵守"留弱不留强，拆多不拆少，夜并昼不并"的原则。分群后经过一段时间饲养，要随时进行调整分群。

刚转入猪与出栏猪使用同样的空间，会使猪舍利用率降低，而且猪在生长过程中出现的大小不均在出栏时体现出来。采用不同阶段猪舍养猪数量不同，既合理利用了猪舍空间，又使每批猪出栏时体重接近。保育转育肥一个栏可放 18~20 头；换中料时，将栏内体重相对较小的两头挑出重新组群；换大料时，再将每栏挑出一头体重小的猪，重新组群。挑出来的猪要精心照顾。有利于做到全进全出。每天巡栏时发现病僵、脱肛、咬尾时，及时调出，放入隔离栏；有疑似传染病的，及时隔离或扑杀。

（三）调教

1. 限量饲喂要防止强夺弱食

当调入生长育肥猪时，要注意所有猪都能均匀采食，除了要有足够长度的料槽外，对喜争食的猪要勤赶，使不敢采食的猪能得到采食，帮助建立群居秩序，分开排列，同时采食。

2. 采食、睡觉、排便"三定位"，保持猪栏干燥清洁

从仔猪转入之日起就应加强卫生定位工作。此项工作一般在仔猪转入 1~3 天内完成，越早越好，训练猪群吃料、睡觉、排便的"三定位"。

通常运用守候、勤赶、积粪、垫草等方法单独或几种同时使用进

行调教。例如，当小生长育肥猪调入新猪栏时，已消毒好的猪床铺上少量垫草，料槽放入饲料，并在指定排便处堆放少量粪便，然后将小生长育肥猪赶入新猪栏。发现有的猪不在指定地点排便，应将其散拉的粪便铲到粪堆上，并结合守候和勤赶，这样，很快就会养成"三定位"的习惯，这样不仅能够保持猪圈清洁卫生，还有利于垫土积肥，减轻饲养员的劳动强度。猪圈应每天打扫，猪体要经常刷拭，这样既减少猪病，又有利于提高猪的日增重和饲料利用率。做好调教工作，关键在于抓得早，抓得勤。

（四）去势、防疫和驱虫

1. 去势

我国猪种性成熟早，一般多在生后 35 日龄左右，体重 5~7 千克时进行去势。近年来提倡仔猪生后早期（7 日龄左右）去势，以利术后恢复。目前我国集约化养猪生产多数母猪不去势，公猪采用早期去势，这是有利生长育肥猪生产的措施。国外瘦肉型猪性成熟晚，幼母猪一般不去势生产生长育肥猪，但公猪因含有雄性激素，有难闻的膻气味，影响肉的品质，通常是将公猪去势用作生长育肥猪生产。

2. 防疫

预防猪瘟、猪丹毒、猪肺疫、仔猪副伤寒和病毒性痢疾等传染病，必须制定科学的免疫程序进行预防接种。

3. 驱虫

生长育肥猪的寄生虫主要有蛔虫、姜片吸虫、疥螨和虱子等体内外寄生虫，通常在 90 日龄进行第一次驱虫，必要时在 135 日龄左右时再进行第二次驱虫。服用驱虫药后，应注意观察，若出现副作用时要及时解救。驱虫后排出的粪便，要及时清除并堆制发酵，以杀死虫卵防再度感染。

（五）防止育肥猪过度运动和惊恐

生长猪在育肥过程中，应防止过度的运动，特别是激烈地争斗或追赶，过度运动不仅消耗体内能量，更严重的是容易使猪患上一种应激综合征，突然出现痉挛，四肢僵硬，严重时会造成猪只死亡。

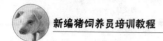

（六）巡棚

坚持每天两次巡棚。主要检查棚内温度、湿度、通风情况，细致观察每头猪只的各项活动，及时发现异常猪只。当猪安静时，听呼吸有无异常，如喘、咳等；全部哄起时，听咳嗽判断有无深部咳嗽的现象；猪只采食时，有无异常；如呕吐，采食量下降等，粪便有无异常，如下痢或便秘。育肥舍采用自由采食的方法，无法确定猪只是否停食，可根据每头猪的精神状态判断猪只健康状况。

四、生长育肥猪的环境控制措施

（一）保温与通风

温度可能会引起很多管理者的关注。育肥阶段的最适温度在20~25℃，那么每低于最适温度1℃，100千克体重的猪每天要多消耗30克饲料。这也是为什么每到冬季，料肉比高的原因。如果温度高于25℃，那么它散热困难，"体增热"增加。体增热一增加，就会耗能，因呼吸、循环、排泄这些相应地都要增加，料肉比就要升高。为什么经过寒冷的冬天和炎热的夏天，育肥猪的出栏时间往往会推迟，就是这个道理。平时还要做好高—低温之间的平稳过渡，舍内温度不要忽高忽低。温度骤变，很容易造成猪的应激。所以，一个合格的标准化猪场的场长，每天应关注天气的变化。

猪舍要保持干燥，就需要进行强制通风。为什么？现在大部分猪场没有强制通风，靠自然通风，但自然通风往往不能达到通风换气的要求，所以我们必须进行强制通风。据观察，90%以上的猪场，通风换气工作没做好。到底通风起什么作用？通风，不仅可以降低舍内的湿度、降温，可以改善空气质量，提高舍内空气的含氧量，促进生猪生长。为什么到了秋天、冬天，猪场呼吸道病就来了？主要是通风换气没做好，这是猪场发生呼吸道病的重要原因之一。

集约化高密度饲养的生长育肥猪一年四季都需通风换气，通风可以排除猪舍中多余的水汽，降低舍内湿度，防止围护结构内表面结露，同时可排除空气中的尘埃、微生物、有毒有害气体（如氨气、硫化氢、二氧化碳等），改善猪舍空气的卫生状况。

在冬季通风和保温是一对矛盾，有条件的企业可用在满足温度供应的情况下，根据猪舍的湿度要求控制通风量；为了降低成本，应该在保证猪舍环境温度基本得以满足的情况下采取通风措施，但在冬季一定要防止"贼风"的出现。猪舍内气流以 0.1~0.2 米 / 秒为宜，最大不要超过 0.25 米 / 秒。

（二）防寒与防暑

温度过低会增加育肥猪的维持消耗和采食量，拖长育肥期，影响增重，浪费了饲料，降低经济效益。反之，过高则育肥猪食欲下降，采食量减少，增重速度和饲料转换效率降低，使经济效益下降。育肥猪最适宜的温度为 20~25℃。为了提高育肥猪的肥育效果，要做好防寒保温和防暑降温工作。

在夏季，尤其是气温过高、湿度又大时，必须采取防暑降温措施。打开通气口和门窗，在猪舍地面喷洒凉水，给育肥猪淋浴、冲凉降温。在运动场内搭遮阳凉棚，并供给充足清凉的饮水。必要时，用机械排风降温。

在冬季必须采取防寒保温措施。入冬前要维修好猪舍，使之更加严密。采取"卧满圈、挤着睡"，到舍外排放粪尿的高密度的饲养方法是行之有效的。此外，在寒冷冬夜，于人睡觉之前，给育肥猪加喂一遍"夜食"，是增强育肥猪抗寒力，促进生长的好办法。若是简易敞圈，可罩上塑料大棚，夜间再放下草帘子，可以大大提高舍内、尤其是夜间的温度。这样，可以减轻育肥猪不必要的热能消耗和损失，增强肥育效果，增加经济效益。

（三）密度

尽可能保证密度不要过大，也不能过小，保证每一栏 10~16 头，这样比较合理。超过了 18 头以上，猪群大小很容易分离。密度过小，不但栏舍的利用率下降，而且会影响采食量。

另外，每栋猪舍要留有空栏，这起什么作用呢？主要为以后的第二次、第三次分群做好准备，要把病、残、弱的隔离开。比方说进 300 头猪，不要所有的栏都装满猪，每栋最起码要留 5~6 个空栏。如果计划一栏猪正常情况下养 13 头，那么入栏时可以多放两三头，装上 16 头。过一两个星期后，就把大小差异明显的猪挑出来，重新分栏。这样保证出栏整齐度高，栏舍利用率也高。

猪群入栏，最重要的一点就要进行调教，即通常讲的"三点定位"。"采食区""休息区""排泄区"要定位，保证猪群养成良好的习惯；只要把猪群调教好了，饲养员的劳动量就减轻了，猪舍的环境卫生也好了。三点定位的关键是"排泄区"定位，猪群入栏后将猪赶到外面活动栏里去，让猪排粪排尿，经一天定位基本能成功；如果栏舍没有活动栏，我们就把猪压在靠近窗户的那一边，粪便不要及时清除。

有的栏舍有门开向走道，往往猪一下地，如果不调教，猪很容易在门这个地方排泄，为什么？因保育猪在保育床上时，习惯在金属围栏边排泄，所以我们调教时要把这个肥猪舍的栏门这个地方"守住"，不能让它在这个地方排泄。转群第一天，我们要求饲养员对栏舍要不停地清扫粪便，并将粪便扫到靠近窗边的墙角，这样可以引导猪群固定在靠窗、墙角排泄。

（四）湿度

湿度对猪的影响主要是通过影响机体的体热调节来影响猪的生产力和健康，它是与温度、气流、辐射等因素共同作用的结果。在适宜的湿度下，湿度对猪的生产力和健康影响不大。空气湿度过高使空气中带菌微粒沉降率提高从而降低了咳嗽和肺炎的发病率，但是高湿度有利于病原微生物和寄生虫的滋生，容易患疥癣、湿疹等疾患，另外高湿常使饲料发霉垫草发霉，造成损失。猪舍内空气湿度过低，易引起皮肤和外露黏膜干裂，降低其防卫能力使呼吸道及皮肤病发病率高。因此建议猪舍的相对湿度以 60%~70% 为宜。

（五）光照

很多人认为，育肥猪还需要什么光照？到了冬天，有的猪场为了省钱，舍不得用透明薄膜钉窗户，窗户用五颜六色的塑料袋封着，这样很容易造成猪舍阴暗，舍内阴暗，会致猪乱拉粪便，阴暗与潮湿往往是关联在一起的。

适宜的太阳光能加强机体组织的代谢过程，提高猪的抗病能力。然而过强的光照会引起猪的兴奋，减少休息时间，增加甲状腺的分泌，提高代谢率，影响增重和饲料转化率。育肥猪舍内的光照可暗淡些，只要便于猪采食和饲养管理工作即可，使猪得到充分休息。

（六）噪声

猪舍的噪声来自于外界传入，舍内机械和猪只争斗等方面。噪声会使猪的活动量增加而影响增重，还会引起猪的惊恐，降低食欲。因此，要尽量避免突发性的噪声，噪声强度以不超过 85 分贝为宜。而优美动听的音乐可以兴奋神经，刺激食欲，提高代谢机能，就像人听音乐心情舒畅一样。有条件的猪场可以适当地放些轻音乐，对猪的生长是有利的。

（七）适时出栏

育肥猪饲喂到一定日龄和体重，就要适时出栏。中小型猪场一般在第 22 周 154 天后出栏，体重大概在 100 千克。每批肥猪出栏后，完善台账，做好总结、分析。

五、生长育肥猪的免疫与保健

当前在养猪生产中实施免疫预防与药物保健时，在技术实施上程序存在不科学、不合理的问题比较突出，严重地影响到猪病的防控与猪只的健康生长和发育，也阻碍了养猪业的持续发展。

当前育肥猪常发的疾病主要有两大类：各种原因引起的腹泻（主要为回肠炎、结肠炎、猪痢疾、沙门氏菌性肠炎等）和呼吸道疾病综合征。另外，猪瘟、弓形虫病、萎缩性鼻炎等也经常暴发。在饲养管理不善的猪场，这些疾病暴发后往往造成严重的经济损失。

通过加强育肥猪的饲养管理，改善营养和合理使用药物，可以将损失降到最低。

（一）实行全进全出

全进全出是猪场和养殖户控制感染性疾病的重要流程之一。如果做不到全进全出，易造成猪舍的疾病循环。因为舍内留下的猪往往是病猪或病原携带猪，等下批猪进来后，这些猪可作为传染源感染新进的猪，而后者又有部分发病，生长缓慢，或成为僵猪，又留了下来，成为新的传染源。

全进全出可提前 10 天出栏，显著提高日增重和饲养转化率。

（二）防疫和用药

育肥阶段需要接种的疫苗不多，只在 60~80 日龄接种一次口蹄疫疫苗。自繁自养猪应在哺乳、保育阶段接种疫苗，特别是猪瘟、伪狂犬病和丹毒、肺疫、副伤寒等疫苗。

从保育舍转到育肥舍是一次比较严重的应激，会降低猪的采食量和抵抗力。在转群后 1 周左右即可见部分猪发生全身细菌感染，出现败血症，或者在 12 周龄以后呼吸道疾病发病率提高。实际上，无论是呼吸道疾病还是肠炎，都可以从保育后期一直延续到生长育肥阶段，只是从保育舍转群后有加重的趋势。

在育肥阶段可定期投入下列药物，每吨饲料中添加 80% 支原净 125 克、10% 强力霉素 1.5 千克；饮水中每 500 千克加入 10% 氟苯尼考 120 克、10% 阿莫西林 100 克，可有效控制转群后感染引起的败血症或育肥猪的呼吸道疾病，还可预防甚至治疗肠炎和腹泻。

无论是呼吸道疾病还是肠炎、腹泻都会引起育肥猪生长缓慢和饲料转化率降低，造成育肥猪的生长不均，出栏时间不一，难以做到全进全出，最终影响经济效益。

外购仔猪，购回后应依次做完猪瘟、猪丹毒肺疫、副伤寒、口蹄疫和蓝耳病等疫苗。如果已经发生了呼吸道疾病或急性出血性肠炎，则最好通过饮水给药。因为发病后猪的采食量会降低，而饮水量降低不明显，所以通过饮水给药比通过饲料给药效果好。如果是在病猪栏，可通过饮水给药，也可通过注射给药。

第四节　妊娠母猪的管理

一、妊娠母猪的生理特点

（一）妊娠母猪的代谢特点与体重变化

胎儿的生长发育，子宫和其他器官的发育，使母猪食欲增高，饲料的消化率和利用率增强，故在饲养上应尽量满足这一要求；但妊娠母猪不是增重越多越好而是要控制到一定程度一般瘦肉型初产母猪体重增加 35~45 千克，经产母猪体重增加 32~40 千克。

（二）妊娠期间胚胎和胎儿的生长发育

1. 胎儿的生长曲线

胚胎的生长发育特点是前期形成器官，后期增加体重，器官在21天左右形成，出生体重的1/3生长在妊娠的前84天，而出生体重的2/3生长在妊娠最后30天（图4-17）。

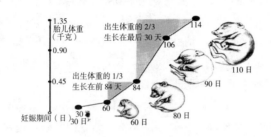

图4-17 胎儿的生长曲线

2. 引起胚胎死亡的3个关键时期

胚胎的蛋白质、脂肪和水分含量增加，特别是矿物质含量增加较快。母猪妊娠后，有3个容易引起胚胎死亡的关键时期，分别是9~13天、18~24天、60~70天。

（1）第一个关键时期　出现在9~13天，此时，受精卵开始与子宫壁接触，准备着床而尚未植入，如果子宫内环境受到干扰，最容易引起死亡，这一阶段的死亡数占总胚胎数的20%~25%。

（2）第二个关键时期　出现在18~24天，此时，胚胎器官形成，在争夺胚盘分泌物质的过程中，弱者死亡，这一阶段死亡数占胚胎总数的10%~15%。

（3）第三个关键时期　出现在60~70天，此时，胚盘停止发育，而胎儿发育加速，营养供应不足可引起胚胎死亡，这一阶段死亡数占胚胎总数的5%~10%。

二、妊娠母猪的营养需要

为实现妊娠期母猪的饲养目标，应根据胚胎生长发育规律、母猪乳腺发育和养分储备的需要，进行合理的限制饲养。建议将妊娠期分为妊娠前期、妊娠中期和妊娠后期，精确地控制母猪的体增重并保证胎儿的生长发育，这样既可节约生产成本，又不影响母猪最高繁殖效率的实现。

妊娠的不同阶段母猪的营养需要也不同。

（一）妊娠前期（配种后的 30 天以内）

这个阶段胚胎几乎不需要额外营养，但有两个死亡高峰，饲料饲喂量相对应少，质量要求高，一般喂给 1.5~2.0 千克的妊娠母猪料，饲粮营养水平为：消化能 2 950~3 000 千卡 / 千克，粗蛋白质 14%~15%，青粗饲料给量不可过高，不可喂发霉变质和有毒的饲料。

（二）妊娠中期（妊娠的第 31~84 天）

喂给 1.8~2.5 千克妊娠母猪料，具体喂料量以母猪体况决定，可以大量喂食青绿多汁饲料，但一定要给母猪吃饱，防止便秘。严防给料过多，导致母猪肥胖。

（三）妊娠后期（临产前 30 天）

这一阶段胎儿发育迅速，同时又要为哺乳期蓄积养分，母猪营养需要高，可以供给 2.5~3.0 千克的哺乳母猪料。此阶段应相对地减少青绿多汁饲料或青贮料。在产前 5~7 天要逐渐减少饲料喂量，直到产仔当天停喂饲料。哺乳母猪料营养水平：消化能 3 050~3 150 千卡/千克，粗蛋白质 16%~17%。

三、妊娠母猪的饲养方式

在饲养过程中，因母猪的年龄、发育、体况不同，就有许多不同的饲养方式。但无论采取何种饲养方式都必须看膘投料，妊娠母猪应有中等膘情，经产母猪产前应达到七八成膘情，初产母猪要有八成膘情。根据母猪的膘情和生理特点来确定喂料量。

（一）抓两头带中间饲养法

适用于断奶后膘情较差的经产母猪和哺乳期长的母猪。在农村由于饲料营养水平低，加上地方品种母猪泌乳性能好，带仔多，母猪体况较差故选用此法。在整个妊娠期形成一个"高—低—高"的营养水平。

（二）步步高饲养法

适用于初配母猪。配种时母猪还在生长发育，营养需要量较大，所以整个妊娠期间的营养水平都要逐渐增加，到产前一个月达到高峰。其途径有提高饲料营养浓度和增加饲喂量，主要是以提高蛋白质和矿物质为主。

（三）前粗后精法

即前低后高法，此法适用于配种前膘情较好的经产母猪，通常为营养水平较好的提早断奶母猪。

（四）"一贯式"饲养法

妊娠期具有合成代谢能力增强，营养利用率提高这些生理特征，在保持饲料营养全面的同时，采取全程饲料供给"一贯式"的饲养方式。值得注意的是，在饲料配制时，要调制好饲料营养，不过高，也不能过低。

应当注意的是，妊娠母猪的饲料必须保证质量，凡是发霉、变质冰冻，带有毒性及强烈刺激性的饲料（如酒糟，棉籽饼）均不能用来饲喂妊娠母猪，否则容易引起流产；饲喂的时间、次数要有规律性，即定时定量，每日饲喂 2~3 次为宜；饲料不能频繁更换和突然改变，否则易引起消化机能的不适应；日粮必须要全面、多样化且适口性好，妊娠 3 个月后应该限制青粗饲料的供给量，否则容易压迫胎儿引起流产。

四、妊娠母猪的管理

妊娠母猪管理的中心任务是做好保胎工作，促进胎儿的正常生长发育，防止流产、化胎和死胎。因此，在生产中应注意以下几方面的管理工作。

1. 注意环境卫生，预防疾病

母猪子宫炎、乳房炎、乙型脑炎、流行性感冒等都会引起母猪体温升高，造成母猪食欲减退和胎儿死亡。因此，及时清理猪粪（图4-18），做好圈舍的清洁卫生（图4-19），保持圈舍空气新鲜，认真进行消毒和疾病预防工作。

图 4-18　及时清理猪粪

图 4-19　圈舍清洁卫生

2. 防暑降温、防寒保暖

环境温度影响胚胎的发育，特别是高温季节，胚胎死亡率会增加。

图 4-20　用好湿帘降温

因此要注意保持圈舍适宜的环境温度，不过热过冷，做好夏季防暑降温、冬季防寒保暖工作。夏季降温的措施一般有洒水、洗浴、搭凉棚、通风等。标准化猪场要充分利用湿帘降温（图 4-20）。冬季可采取增加垫草、地坑、挡风等防寒保暖措施，防止母猪感冒发热造成胚胎死亡或流产。

3. 做好驱虫、灭虱工作

猪的蛔虫、猪虱等内外寄生虫会严重影响猪的消化吸收、身体健康并传播疾病，且容易传染给仔猪。因此，在母猪配种前或妊娠中期，最好进行一次药物驱虫，并经常做好灭虱工作。

4. 避免机械损伤

妊娠母猪应防止相互咬架、挤压、滑倒、惊吓和追赶等一切可能造成机械性损伤和流产的现象发生。因此，妊娠母猪应尽量减少合群和转圈，调群时不要赶得太急；妊娠后期应单圈饲养，防止拥挤和咬斗；不能鞭打、惊吓猪，防止造成流产。

5. 适当运动

妊娠母猪要给予适当的运动。妊娠的第一个月以恢复母猪体力为主，要使母猪吃好、睡好、少运动。此后，应让母猪有充分的运动，一般每天运动 1~2 小时。妊娠中后期应减少运动量，或让母猪自由活动，临产前 5~7 天应停止运动。

五、妊娠母猪饲养管理指导方案

（一）需要明确的几个问题

1. 妊娠母猪饲养管理工作的目的

① 规范妊娠母猪的饲养管理。

② 确保妊娠母猪膘情合理。

③ 胚胎（胎儿）发育正常。

2. 妊娠母猪饲养管理的主要工作任务

① 搞好妊娠猪的转群、调整工作。

② 做好妊娠母猪防疫注射工作。

③ 负责定位栏内妊娠母猪的饲养管理工作。

3. 工作程序

① 妊娠母猪的转入。

② 母猪转入后的饲养管理。

③ 妊娠母猪的转出。

④ 免疫程序参照公司相关文件。

⑤ 每日工作安排。

（二）妊娠母猪的饲养管理指导方案

1. 妊娠母猪的转入与饲养管理

母猪完成配种后，根据配种时间的先后，按周次转入妊娠舍，在妊娠定位栏排列好。母猪转入后饲养管理工作的重点如下。

（1）每天上班到猪舍后先检查猪群一遍　整体观察猪群情况（图 4-21），局部观察个体情况（图 4-22），看看有无异常情况发生。

有病猪则应先治疗后喂料；有死猪先捡出，并及时拉走，消毒原栏舍，填写"种猪死淘周报表"。

（2）检查完猪群后开始喂料　选用妊娠母猪料，分阶段按标准饲喂。

① 喂料前先将料槽内的水放干或扫干（图 4-23）。

图 4-21 整体观察

图 4-22 局部观察（外阴）

图 4-23 喂料前扫干料槽内的水

图 4-24 投料要快、准

② 每次投料要快、准（图 4-24），以减少应激，喂料过程中先喂妊娠前期的怀孕母猪。三排怀孕猪舍提倡两人或三人同时喂料，减少喂料应激。

③ 根据母猪的膘情调整投料量（膘情可参考图 4-25），提倡先过一次平均喂料，再喂回头料，视每头猪膘情酌情增减。

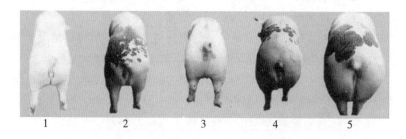

1.过瘦；2.适中；3.良好；4.稍肥；5.过肥

图 4-25 根据母猪膘情调整投料量

④喂料后要给每头猪足够的时间吃料（图4-26），不要过早放水进料槽（图4-27），以免造成浪费。

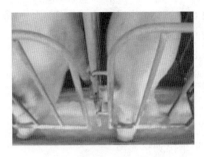

图4-26　给猪足够的吃料时间　　　　图4-27　不过早向料槽内放水

⑤经常检查沉积在料车底部的饲料，发现发霉变质饲料要弃掉，防止妊娠母猪中毒（图4-28、图4-29）。

图4-28　发霉的玉米　　　　图4-29　经常检查沉积在料车底部
　　　　　　　　　　　　　　　　　　的饲料

（3）对妊娠母猪的膘情要定期进行评估　妊娠期分三阶段进行饲喂和管理，应按照猪场制定的标准喂料（表4-7），保证妊娠期体重的增加。喂料时对初胎母猪应区别对待，怀孕中期胎儿长骨架时适当控料以免胎儿过大难产。

表 4-7　妊娠母猪的喂料标准

怀孕日龄	饲料品种	料量	备注
1~7	332	1.8~2	限料采食，日喂 2 次
8~21	332	2.0~2.3	限料采食，日喂 2 次
22~85	332	2.0~2.5	限料采食，日喂 2 次
86~107	332	2.8~3.5	限料采食，日喂 2 次
107 至分娩前	333	3.0 以上	自由采食，日喂 2 次

（4）及时清理定位栏内的猪粪（图 4-30、图 4-31）　避免母猪吃饱料后卧下难以清理，清完后用斗车拉到猪粪池。

图 4-30　刮出定位栏内猪粪　　　　图 4-31　过道冲洗干净

（5）做好配种后 18~65 天内的复发情检查工作　每月做一次妊娠诊断（图 4-32、图 4-33）。

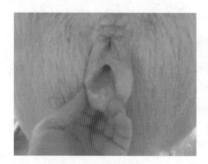

图 4-32　检查外阴　　　　图 4-33　压背

（6）妊娠诊断　在正常情况下，配种后 21 天左右不再发情的母猪即可确定妊娠。其表现为：贪睡、食欲旺、易上膘、皮毛光、性温驯、行动稳、阴门下裂缝向上缩成一条线等。

（7）减少应激，防流保胎　夏天预防中暑，炎热时经常冲栏（图4-34），冬天防寒保暖；对待母猪应温柔细心；减少剧烈响声刺激；免疫注射在喂料后或天气凉爽时进行。严格控制怀孕舍湿度，减少不必要的冲栏或冲猪身。

图 4-34　天气炎热时要经常冲栏　　图 4-35　吃不完的料及时扫给其他猪只吃

（8）关注料槽卫生　吃不完的料及时扫给其他猪只吃（图 4-35），定期清洗减少霉变。清洗时专人负责看猪，减少猪只吃入污物。

（9）关注饮水质量　喂料后及时放水，保证猪只饮水充足，使用饮水器的猪场注意检查饮水器质量。当饮水出现异色、大量杂质或沉淀时应加强净化处理或饮水消毒。

（10）重点关注怀孕前期的饲养管理与护理　加强湿度控制，饲料转换平衡过渡，适当补充青料或使用大小苏打等防止便秘。尽量减少各种应激，增加猪只受胎率，防止流产。必要时 18~25 日龄使用金霉素等保健。前期猪不使用大寒性的中药。

（11）怀孕后期选择适当时间进行一次健胃或清宫热保健　可供选择的药物有大黄苏打散、复方鱼腥草、穿心莲、清肺散等。一般选择怀孕 85~92 日龄保健。

（12）按"免疫程序"做好各种疫苗的免疫接种工作　预防烈性传染病的发生，做好"怀孕母猪免疫清单"记录工作，免疫前后注意防应激。

2. 妊娠母猪的转出

妊娠母猪临产前 3~7 天转入产房，转猪前一个星期内彻底做好体外驱虫工作，同时转猪当天要彻底冲洗消毒猪身（图 4-36），注意双腿的下方和腹部等卫生死角。

每批妊娠母猪转走后，空栏必须用清水彻底冲洗干净，不留死角；干后用消毒水消毒原猪舍（图 4-37），并要求空栏至少 1 小时才能调另一批妊娠母猪转入。

图 4-36　先冲干净猪只

图 4-37　消毒原栏舍

3. 每日工作安排

每日工作安排见表 4-8。

表 4-8　每日工作安排

上午	
7：30-8：00	观察猪群、治疗与处理
8：00-9：00	喂料、清理料槽、放水
9：00-10：30	清理卫生
10：30-11：30	其他工作
下午	
14：00-15：00	观察猪群、治疗与处理
15：30-17：00	冲洗猪栏、猪体，其他工作
17：00-17：30	喂料

4. 每周工作日程

每周工作日程见表 4-9。

表 4-9 每周工作日程

星期一	大清洁大消毒；淘汰猪鉴定；药品用具领用
星期二	更换消毒盆池液；整理返情、空怀母猪
星期三	免疫注射
星期四	大清洁大消毒；调整猪群；种猪淘汰鉴定
星期五	更换消毒盆池液；转出临产母猪
星期六	空栏冲洗消毒；计划下周领用物品
星期日	设备检查维修；周报表

5. 做好各种记录

及时填写"种猪死亡淘汰情况周报表"（表 4-10）、"妊娠空怀及流产母猪情况周报表"（表 4-11）、"怀孕母猪免疫清单"（表 4-12）等表格。

表 4-10 种猪死亡淘汰情况周报表

死淘日期	耳号	品种	公母	死亡原因	淘汰原因	去向

表 4-11 妊娠空怀及流产母猪情况周报表

母猪耳号	配种日期	检定空怀日期	检定流产日期	目前状况

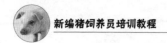

表 4-12　怀孕母猪免疫清单

＿＿＿猪场＿＿＿线 年 月 日至 年 月 日应使用疫苗的怀孕母猪清单

疫苗名称：使用规则：妊娠＿＿＿天使用（对应配种日期：　）剂量：头份

周次	头数	需执行防疫的母猪耳号

第五节　产房及哺乳母猪的管理

一、产房内的环境管理

产房对环境的总体要求是：温暖干燥、清洁卫生、舒适安静、空气新鲜。为此，要做好以下工作。

（一）卫生管理

产房应是整个猪场中最干净的区域，环境控制非常重要。良好的环境可以减少饲料消耗，提高整个猪群的健康水平，充分发挥生产力。

产房的猪全部转出后，首先彻底清理猪舍及地下粪沟。然后用清水把猪舍的、屋顶、墙壁、门窗、产床、饲槽、保温箱等一切饲养设备设施，所有地面和地下粪沟冲洗干净。晾干后用 2% 的火碱水喷洒消毒，3 天后用清水冲洗、晾干，再用其他消毒药消毒、再冲洗、晾干。然后封闭，用福尔马林和高锰酸钾熏蒸消毒，3 天后开窗放气 3~4 天，方可进猪。

（二）温度管理

温度和采食量的关系很重要。空气的流速是影响猪舒适度的主要因素，当温度足够时，猪栏内的气流能使小猪发生寒抖，也是造成 10~14 日龄猪下痢的主要原因。刚出生的 24 小时，仔猪喜欢躺卧在母猪的乳头附近睡觉，然后它们才会学会找温暖的地方并转移过去，所以要在母猪附近放置保温垫，但保温垫不能太过靠近母猪，仔猪很容易被母猪压到。夏天高温天气，仔猪喜欢躺卧相对凉快的地方，不舒服或者过热过潮湿的地方便成了其大小便的地方。

1. 分娩时保温方案

刚出生的 20~30 分钟是最关键的时候，最好是在母猪后方安装保温灯，以免分娩时温度过低，同时乳头附近的上方也需要保温灯和大量的纸屑，母猪后方没有开始分娩前不放置纸屑，可以先放置在后边的两侧，以免粪尿将其污染。

尽量保持舍内恒温，需要变化温度时一定缓和进行，切忌温度骤变。在保温箱中加红外线灯等保温设备，给乳猪创造一个局部温暖环境。母猪进入产房未分娩时舍内保持 20℃；母猪分娩当周保持舍内 25℃，保温箱内 35℃；乳猪 2 周龄保持舍内 23℃，保温箱内 32℃；乳猪 3 周龄保持舍内 21℃、保温箱内 28℃；乳猪 4 周龄保持舍内 20℃、保温箱内 26℃。推荐的最佳温度见表 4-13。

表 4-13 仔猪和母猪的最佳参考温度

猪类别	年龄	最佳温度（℃）	推荐的适宜温度（℃）
仔猪	初生几小时	34~35	32
	1 周内	32~35	1~3 日龄 30~32
			4~7 日龄 28~30
	2 周	27~29	25~28
	3~4 周	25~27	24~26
母猪	后备及妊娠母猪	18~21	18~21
	分娩后 1~3 天	24~25	24~25
	分娩后 4~10 天	21~22	24~25
	分娩 10 天后	20	21~23

因为仔猪在子宫里的温度是 39℃，所以要保证初生猪的实感温度是 37℃。在此要强调的是实感温度，所以如果温度计实测温度是 37℃，加上其他保温工具，可能要高于 37℃。不同垫料的实感温度大致是：木屑（5℃）、纸屑（4℃）、稻草（2℃）、锯末（0~1℃）、

水泥地板（0~1℃），所以实感温度可以由室温（22℃）、保温灯＋保温垫（10℃）、塑料地板（1℃）、纸屑（4℃）组成，实感温度等于37℃。

2．保温灯的放置

分娩前一天，室温保持18~22℃；分娩区准备，打开保温灯；分娩时，打开后方保温灯；分娩结束，将后方保温灯关闭；分娩后1~2天，移除后方保温灯。

3．第一天温度管理

大多数农场只有一个保温灯，母猪有时候左侧卧、有时右侧卧，所以在出生前几个小时仔猪只有50%的保温时间，而这段时间是仔猪保温关键时间。出生24小时保温灯最好置于保温垫对面，让仔猪无论在哪一边都有热源保障。

4．2~3日龄保温方案

这时候的仔猪已经可以自己找到舒适的地方，对低温不会太过敏感，这时候可以撤掉保温垫对面的保温灯，也可以选择两个产床共用一个保温灯，直至仔猪1周龄。

5．光源管理

光也会让母猪感觉不舒服，可以用块挡板来给母猪遮挡光源。光线太强的地方仔猪也不喜欢待，但猪对光敏感，喜欢红色，所以可以考虑红色光线的保温灯。

6．如何判断产房温度过高

（1）母猪的表现　母猪试图玩水；频繁转身改变体位或者过多饮水时。

（2）躺卧姿势　胸部着地不是侧卧，检查地面是否过湿；乳房炎多发，甚至分娩前就发现。

注意：有的认为产房内有了保温灯、保温箱等保温设施便万事大吉，但要根据仔猪实际休息状态和睡姿来判断温度是否合适，如小猪扎堆、跪卧、蜷卧便是温度过低，小猪四肢摊开侧卧排排睡才是正常温度，但要注意过于分散的四肢摊开侧卧睡姿有可能是温度过高。

（三）湿度控制

保持产房内干燥、通风。因高温高湿、低温高湿都有利于病原体繁殖，诱发乳猪下痢等疾病。高温高湿可用负压通风去湿，低温高湿可用暖风机控制湿度。相对湿度保持在65%~70%为宜。

（四）空气质量控制

要求猪舍空气新鲜、少氨味、异味。有害气体（二氧化碳、氨气、二氧化硫）浓度过高时，会降低猪本身的免疫力，影响猪的正常生长，长时间有害气体加上猪舍中的尘埃，容易使猪感染呼吸道及消化道疾病。要减少猪舍内有害气体，首先要及时将粪尿清除，其次用风机换气。

（五）噪声控制

母猪分娩前后保持舍内安静，可避免母猪突然性起卧压死乳猪，同时有利于顺产。国外资料介绍，噪声性的应激可诱发应激综合征和伪狂犬疾病发生。

另外，要做好产房夏季降温与除湿，冬季保温与通风的协调兼顾。

二、哺乳母猪的饲养

哺乳母猪饲养的主要目标是：提高泌乳量，控制母猪减重，仔猪断奶后能正常发情、排卵，延长母猪利用年限。

（一）母猪的泌乳规律及影响因素

1. 母猪乳房构造特点

猪是多胎动物，母猪一般有乳头6对以上，沿腹线两侧纵向排列。乳腺以分泌管的形式通向乳头，中前部的乳头绝大多数有2~3个分泌管，而后部乳头绝大多数只有1个分泌管，有些猪最后一对乳头的乳腺管发育不全或没有乳腺管。由于每个乳头内乳腺管数目不同，各个乳头的泌乳量不完全一致。猪的乳腺在机能上都完全独立，与相邻部分并无联系。

母猪乳房的构造与牛、羊等其他家畜不同。牛、羊乳房都有蓄乳池，而猪乳房蓄乳池则极不发达，不能蓄积乳汁，所以小猪不能随时吸吮乳汁。只有在母猪"放乳"时才能吃到奶。

猪乳腺的基本结构是在2岁以前发育成熟的。再次发育主要发生在泌乳期中，只有被仔猪哺用的乳头，其乳腺才得以充分发育。对初产母猪来说，其乳头的充分利用是至关重要的。如果初产母猪产仔数过少，有些乳头未被利用，这部分乳头的乳腺则发育不充分，甚至停止活动。因此，要设法使所有的乳头常被仔猪哺用（如采取并窝、代哺或训练本窝部分仔猪同时哺用两个乳头等措施），才有可能提高和保持母猪一生的泌乳力。

2. 母猪的泌乳规律

由于母猪乳房结构上的特点，母猪泌乳具有明显的定时"循环放乳"规律。

（1）泌乳行为　当仔猪饥饿需求母乳时，它们就会不停地用鼻子摩擦揉弄母猪的乳房，经过 2~5 分钟后，母猪开始频繁地发出有节奏的"吭、吭"声，标志着乳头开始分泌乳汁，这就是通常所说的放乳。此时仔猪立即停止摩擦乳房，并开始吮乳。母猪每次放乳的持续期非常短（最长 1 分钟左右，通常 20 秒左右）。一昼夜放乳的次数随分娩后天数的增加而逐渐减少。产后最初几天内，放乳间隔时间约50 分钟，昼夜放乳次数为 24~25 次；产后 3 周左右，放乳间隔时间约 1 小时以上，昼夜放乳次数为 10~12 次。而每次放乳持续的时间，则在 3 周内从 20 秒逐渐减少为 10 多秒后保持基本恒定。

（2）泌乳量　母猪的泌乳量依品种、窝仔数、母猪胎龄、泌乳阶段、饲料营养等因素而变动。每个胎次泌乳量也不同，通常以第三胎最高，以后则逐渐下降。以较高营养水平饲养的长白猪为例：60天泌乳期内泌乳量约 600 千克，在此期间，产后 1~10 天平均日泌乳量为 8.5 千克，11~20 天为 12.5 千克，21~30 天为 14.5 千克（泌乳高峰期），31~40 天为 12.5 千克，41~50 天为 8 千克，51~60 天为 5千克。

不同的乳头泌乳量不同，一般前面 2 对乳头泌乳量较多，中部乳头次之，最后 2 对最少。

每天泌乳量不平衡。母猪整个泌乳期内的泌乳总量为 250~400千克，日平均 4~8 千克。但每天泌乳量不同，且呈规律性变化。一般是产后 3~4 周时达高峰期，以后泌乳量下降。第一个月的泌乳量占全期泌乳量的 60%~65%。

在整个泌乳期内，各阶段的泌乳量也不一致。母猪泌乳量一般在产后 10 天左右上升最快，21 天左右达到高峰，以后开始逐渐下降（图 4–38）。所以，一般营养水平的仔猪早期断奶日龄不宜早于 21 日龄。

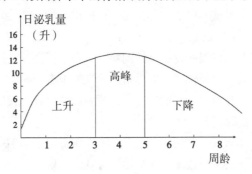

图 4–38 母猪的泌乳曲线

（3）乳汁成分 母猪乳汁成分随品种、日粮、胎次、母猪体况等因素有很大差异。

猪乳分为初乳和常乳两种。初乳是母猪产仔 3 天之内所分泌的乳，主要是产仔后头 12 小时之内的乳。常乳是母猪产仔 3 天后所分泌的乳。初乳和常乳成分不相同（表 4–14）。

同一头母猪的初乳和常乳的成分比较，初乳含水分低，含干物质高。初乳蛋白质含量比常乳含量高。初乳中脂肪和乳糖的含量均比常乳低。初乳中还含有大量抗体和维生素，这可保证仔猪有较强的抗病力和良好的生长发育。由此可见，初乳完全适应刚出生仔猪生长发育快、消化能力低、抗病力差等特点。

表 4–14 初乳和常乳的成分

| | 水分 | 总蛋白 | 脂肪 | 乳糖 | 免疫球蛋白（毫克 / 毫升血液） | | | 白蛋白 |
					G	A	H	
初乳	73.5	19.3	4.0	2.2	64.2*	15.6*	6.7	13.8*
常乳	81.1	5.8	7.3	4.3	3.5**	5.5**	2.3**	4.9**

注：* 分娩后 12 小时平均值；** 分娩后 72 小时平均值。免疫球蛋白项目的数据仅供参考，因为其含量受各种因素影响而变化幅度很大。这些数据旨在说明初乳中免疫球蛋白的含量大大高于常乳中的含量，且其含量迅速降低

3.影响母猪泌乳量的因素

（1）饮水　母猪乳中含水量为81%~83%，每天需要较多的饮水，若供水不足或不供水，都会影响猪的泌乳量，常使乳汁变浓，含脂量增多。

（2）饲料　多喂些青绿多汁饲料，有利于提高母猪的泌乳力。另外，饲喂次数、饲料优劣，对母猪的泌乳量也有影响。

（3）年龄与胎次　一般情况下，第一胎的泌乳量较低，以后逐渐上升，4~5胎后逐渐下降。

（4）个体大小　"母大仔肥"，一般体重大的母猪泌乳量要多。因体重大的母猪失重较多，这是用于泌乳的需要。

（5）分娩季节　春秋两季，天气温和凉爽，母猪食欲旺盛，其泌乳量也多；冬季严寒，母猪消耗体热多，泌乳量也少。

（6）母猪发情　母猪在泌乳期间发情，常影响泌乳的质量和数量，同时易引起仔猪的白痢病，泌乳量较高的母猪，泌乳会抑制发情。

（7）品种　母猪品种不同，泌乳量也有差异。一般二杂母猪的泌乳量较纯种母猪和土杂猪的泌乳量要高。

（8）疾病　泌乳期母猪若患病，如感冒、乳房炎、肺炎等疾病，可使泌乳量下降。

（二）哺乳母猪的营养需要特点

1.能量

泌乳母猪昼夜泌乳，随乳汁排出大量干物质，这些干物质含有较多的能量，如果不及时补充，一则会降低泌乳母猪的泌乳量，二则会使得泌乳母猪由于过度泌乳而消瘦，体质受到损害。为了使泌乳母猪在4~5周的泌乳期内体重损失控制在10~14千克范围内，一般体重175千克左右带仔10~12头的泌乳母猪，日粮中消化能的浓度为14.2兆焦/千克，其日粮量为5.5~6.5千克，每日饲喂4次左右，以生湿料喂饲效果较好。如果夏季气候炎热，母猪食欲下降时，可在日粮中添加3%~5%的动物脂肪或植物油；另外，冬季有些场家舍内温度达不到15~20℃，母猪体能损失过多时，一种方法是增加日粮给量，另一种方法是向日粮中添加3%~5%的脂肪。如果母猪日粮能量浓度低或泌乳母猪吃不饱，母猪表现不安，容易踩压仔猪时，建议母猪产仔第 4 天起自由采食。上述方法有利于泌乳和将来发情配种。

2. 蛋白质

泌乳母猪日粮中蛋白质数量和质量直接影响着母猪的泌乳量。生产实践中发现，当母猪日粮蛋白质水平低于 12% 时，母猪泌乳量显著降低，仔猪容易下痢且母猪断奶后体重损失过多，最终影响再次发情配种。因此，日粮中粗蛋白质水平一般应控制在 16.3% ~19.2% 较为适宜。在考虑蛋白质数量的同时，还要注意蛋白质的质量，特别是氨基酸组成及含量问题。

（1）蛋白质饲料的选用　如果选用动物性蛋白质饲料，提倡使用进口鱼粉，一般使用比例为 5% 左右；植物性蛋白质饲料首选豆粕，其次是其他杂粕。值得指出的是，棉粕、菜粕去毒、减毒不彻底的情况下不要使用，以免造成母猪蓄积性中毒，影响以后的繁殖利用。

（2）限制性氨基酸的供给　在以玉米－豆粕－麦麸型的日粮中，赖氨酸作为第一限制性氨基酸，如果供给不足将会出现母猪泌乳量下降，母猪失重过多等后果。因此，应充分保证泌乳母猪对必需氨基酸的需要，特别是限制性氨基酸更应给予满足。实际生产中，多用含必需氨基酸较丰富的动物性蛋白质饲料，来提高饲粮中蛋白质质量，也可以使用氨基酸添加剂达到需要量，其中赖氨酸水平应在 0.75% 左右。

3. 矿物质和维生素

日粮中矿物质和维生素含量不仅影响着母猪泌乳量，而且也影响着母猪和仔猪的健康。

（1）矿物质的供应　在矿物质中，如果钙磷缺乏或钙磷比例不当，会使母猪的泌乳量降低。有些高产母猪也会在过度泌乳，日粮中又没有及时供给钙磷的情况下，动用体内骨骼中的钙和磷而引起瘫痪或骨折，使得高产母猪利用年限降低。泌乳母猪日粮中的钙一般为 0.75% 左右，总磷在 0.60% 左右，有效磷 0.35% 左右，食盐 0.4%~0.5%。钙磷一般常使用磷酸氢钙、石粉等来满足需要。现代养猪生产，母猪生产水平较高，并且处于封闭饲养条件下，其他矿物质和维生素也应该注意添加。

（2）维生素的供应　哺乳仔猪生长发育所需要的各种维生素均来源于母乳，而母乳中的维生素又来源于饲料。因此，母猪日粮中的维生素应充足。饲养标准中的维生素推荐量只是最低需要量，现在封闭式饲养，泌乳母猪的生产水平又较高，基础日粮中的维生素含量已不能满足泌乳的需要，必须靠添加来满足，实际生产中的添加剂量往往高于标准。特别是维生素 A、维生素 D、维生素 E、维生素 B_2、维生素 B_5、维生素 B_{12}、泛酸等应是标准的几倍。一些维生素缺乏症，有时不一定在泌乳期得以表现，而是影响以后的繁殖性能，为了使母猪继续使用，在泌乳期间必须给予充分满足。

（三）哺乳母猪的饲养

1. 饲料喂量要得当

母猪分娩的当天不喂料或适当少喂些混合饲料，但喂量必须逐渐增加，切不可一次喂很多，骤然增加喂量，对母猪消化吸收不利，会减少泌乳量。母猪产后发烧原因之一，往往是由于突然增加饲料喂量所致。为了提高泌乳量，一般都采用加喂蛋白质饲料和青绿多汁饲料的办法。但蛋白质水平过高，会引起母猪酸中毒。故必须多喂含钙质丰富的补充饲料，再加喂些鱼粉、肉骨粉等动物性饲料，可以显著地提高泌乳量。

哺乳母猪应按带仔多少，随之增减喂料量，一般都按每多带 1 头仔猪，在母猪维持需要基础上加喂 0.35 千克饲料，母猪维持需要按每 100 千克重喂 1.1 千克料计算，才能满足需要。如 120 千克的母猪，带仔 10 头，则每天平均喂 4.8 千克料。如带仔 5 头，则每天喂 3.1 千克料。

2. 饲喂优质的饲料

发霉、变质的饲料，绝对不能喂哺乳母猪，否则会引起母猪严重中毒，还能使乳汁变质，引起仔猪拉稀或死亡。为了防止母猪发生乳房炎，在仔猪断奶前 3~5 天减少饲料喂量，促使母猪回奶。仔猪断奶后 2~3 天，不要急于给母猪加料，等乳房出现皱褶后，说明已回奶，再逐渐加料，以促进母猪早发情、配种。

3. 保证充足的饮水

猪乳中水分含量 80% 左右，泌乳母猪饮水不足，将会使其采食量减少和泌乳量下降，严重时会出现体内氮、钠、钾等元素紊乱，诱发其他疾病。一头泌乳母猪每日饮水为日粮重量的4~5倍。在保证数量的同时要注意卫生和清洁。饮水方式最好使用自动饮水器（图4-39），水流量至少250毫升/分钟，安装高度为母猪肩高加5厘米（一般为55~65厘米），以母猪稍抬头就能喝到水为好（图4-40）。如果没有自动饮水装置，应设立饮水槽，保证饮水卫生清洁。严禁饮用不符合卫生标准的水。

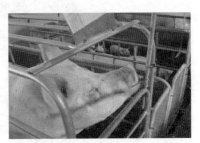

图4-39　自动饮水器饮水　　　　图4-40　饮水乳头高度要合适

三、哺乳母猪的管理

哺乳母猪管理的重点是在保持良好的环境条件基础上，进行全方位观察，发现异常及时纠正。

（一）保持良好的环境条件

良好的环境条件，能避免母猪感染疾病，从而减少仔猪的发病率，提高成活率。

粪便要随时清扫，即做到母猪一拉大便就立即清扫，并用蘸有消毒液的湿布擦洗干净，防止仔猪接触粪便或粪渣。保持清洁干燥和良好的通风，应有保暖设备，防止贼风侵袭，做到冬暖夏凉。

（二）乳房检查与管理

1. 有效预防乳房炎

每天定时认真检查母猪乳房，观察仔猪吃奶行为和母仔关系，判断乳房是否正常。同时用手触摸乳房，检查有无红肿、结块、损伤等异常情况。如果母猪不让仔猪吸乳，伏地而躺，有时母猪还会咬仔猪，仔猪则围着母猪发出阵阵叫奶声，母猪的一个或数个乳房乳头红肿、潮红，触之有热痛感表现，甚至乳房脓肿或溃疡，母猪还伴有体温升高、食欲不振、精神委顿现象，说明发生了乳房炎（图4-41）。此时，应用温热毛巾按摩后，再涂抹活血化瘀的外用药物，每次持续按摩15分钟，并采用抗生素治疗。

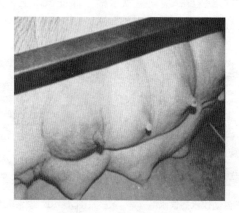

图4-41　母猪患有乳房炎

① 轻度肿胀时，用温热的毛巾按摩，每次持续10~15分钟，同时肌内注射恩诺沙星或阿莫西林等药物治疗。

② 较严重时，应隔离仔猪，挤出患病乳腺的乳汁，局部涂擦10%鱼石脂软膏（碘1克、碘化钾3克、凡士林100克）或樟脑油等。对乳房基部，用0.5%盐酸普鲁卡因50~100毫升加入青霉素40万~80万单位进行局部封闭。有硬结时进行按摩、温敷，涂以软膏。静脉注射广谱抗生素，如阿莫西林等。

③ 发生肿胀时，要采取手术切开排脓治疗；如发生坏死，切除处理。

2. 有效预防母猪乳头损伤

① 由于仔猪剪牙不当，在吮吸母乳的过程中造成乳头损伤。

② 使用铸铁漏粪地板的，由于漏粪地板间隙边缘锋利，母猪在躺卧时，乳头会陷入间隙中，因外界因素突然起立时，容易引起乳头撕裂。生产上，应根据造成乳头损伤的原因加以预防。

③哺乳母猪限位架设置不当或损坏，造成母猪乳头损伤。

（三）检查恶露是否排净

1. 恶露的排出

正常母猪分娩后3天内，恶露会自然排净。若3天后，外阴内仍有异物流出，应给予治疗。可肌内注射前列腺素。若大部分母猪恶露排净时间偏长，可以采用在母猪分娩结束后立即注射前列腺素，促使恶露排净，同时也有利于乳汁的分泌。

2. 滞留胎衣或死胎的排空

若排出的异物为黑色黏稠状，有蛋白腐败的恶臭，可判断为胎衣滞留或死胎未排空。注射前列腺素促进其排空，然后冲洗子宫，并注射抗生素治疗。

3. 子宫炎或产道炎的治疗

若排出异物有恶臭，呈稠状，并附着外阴周边，呈脓状，可判断为子宫炎或产道炎，应对子宫或产道进行冲洗，并注射抗生素治疗。

对急性子宫炎，除了进行全身抗感染处理（如肌内注射林可霉素，静脉注射阿莫西林等）外，还要对子宫进行冲洗。所选药物应无刺激性（如0.1%高锰酸钾溶液、0.1%雷夫奴儿溶液等）冲洗后可配合注射氯前列烯醇，有助于子宫积脓或积液的排出。子宫冲洗一段时间后，可往子宫内注入80万~320万单位的青霉素或1克金霉素或2~3克阿莫西林粉或1~2克的环丙沙星粉，有助于子宫消炎和恢复。

对慢性子宫炎，可用青霉素20万~40万单位、链霉素100万单位，混在高压灭菌的植物油20毫升中，注入子宫。为了排出子宫内的炎性分泌物，可皮下注射垂体后叶素20~40单位，也可用青霉素80万~160万单位、链霉素1克溶解在100毫升生理盐水中，直接注入子宫进行治疗。慢性子宫炎治疗应选在母猪发情期间，此时子宫颈口开张，易于导管插入。

（四）检查泌乳量

1. 哺乳母猪泌乳量高低的观察方法

通过观察乳房的形态，仔猪吸乳的动作，吸乳后的满足感及仔猪的发育状况、均匀度等判断母猪的泌乳量高低。如母猪奶水不足，应采取必要的措施催奶或将仔猪转栏寄养。

哺乳母猪泌乳量高低的观察方法见表4-15。

表4-15　哺乳母猪泌乳量高低的观察方法

	观察内容	泌乳量高	泌乳量低
母猪	精神状态	机警，有生机	昏睡，活动减少；部分母猪机警，有生机
	食欲	良好，饮水正常	食欲不振，饮水少，呼吸快，心率增加，便秘，部分母猪体温升高
	乳腺	乳房膨大，皮肤发紧而红亮，其基部在腹部隆起呈两条带状，两排乳头外八字形向两外侧开张	乳房构造异常，乳腺发育不良或乳腺组织过硬，或有红、肿、热、痛等乳房炎症状；乳房及其基部皮肤皱缩，乳房干瘪；乳头、乳房被咬伤
	乳汁	漏乳或挤奶时呈线状喷射且持续时间长	难以挤出或呈滴状滴出乳汁
	放奶时间	慢慢提高哼哼声的频率后放奶，初乳每次排乳1分钟以上，常乳放奶时间10~20秒	放奶时间短，或将乳头压在身体下
仔猪	健康状况	活泼健壮，被毛光亮，紧贴皮肤，抓猪时行动迅速、敏捷，被捉后挣扎有力，叫声洪亮	仔猪无精打采，连续几小时睡觉，不活动；腹泻，被毛杂乱竖立，前额皮肤脏污；行动缓慢，被捉后不叫或叫声嘶哑、低弱；仔猪面部带伤，死亡率高
	生长发育	3日龄后开始上膘，同窝仔猪生长均匀	生长缓慢，消瘦，生长发育不良，脊骨和肋骨显现突出；头尖，尾尖；同窝仔猪生长不均匀或整窝仔猪生长迟缓，发育不良
	吃奶行为	拱奶时争先恐后，叫声响亮；吃奶各自吃固定的奶头，安静、不争不抢、臀部后蹲、耳朵竖起向后、嘴部运动快；吃奶后腹部圆滚，安静睡觉	拱奶时争斗频繁，乳头次序乱；吃奶时频繁更换乳头、拱乳头，尖声叫唤；吃奶后长时间忙乱，停留在母猪腹部，腹部下陷；围绕栏圈寻找食物，拱母猪粪，喝母猪尿，模仿母猪吃母猪料，开食早

（续表）

观察内容		泌乳量高	泌乳量低
母仔关系	哺乳行为发动	母猪由低到高、由慢到快召唤仔猪，主动发动哺乳行为；仔猪吃饱后停止吃奶，主动终止哺乳行为	由仔猪拱母猪腹部、乳房，吮吸乳头，母猪被动进行哺乳；母猪趴卧将乳头压在身下或马上站起，并不时活动，终止哺乳、拒绝授乳
	放乳频率	放乳频率、排乳时间有规律	放乳频率正常，但放奶时间短或放乳频率不规律
	母仔亲密状况	哺乳前，母猪召唤仔猪；放乳前，母猪舒展侧卧，调整身体姿态，使下排乳头充分显露；仔猪尖叫时，母猪翻身站立、喷鼻、竖耳，处于戒备状态；压倒或踩到仔猪时，立即起身；仔猪活动到母猪头部时，母猪发出柔和的声音；仔猪听到母猪哼哼声时，积极赶到母猪腹部吃奶；仔猪紧贴着母猪下方或爬到母猪腹部侧上方熟睡	母猪对仔猪索奶行为表现易怒症状，用头部驱赶叫唤仔猪或由嘴将其拱到一边；对吸吮乳头仔猪通过起身、骚动加以摆脱；压倒、踩到仔猪时麻木不仁；仔猪急躁不安，围着母猪乱跑，不时尖叫，不停地拱动母猪腹部、乳房，咬住乳头不松口

2. 母猪奶水不足的应对措施

（1）母猪奶水不足的表现　① 仔猪头部黑色油斑。多因仔猪头部磨蹭母猪乳房导致的。② 仔猪嘴部、面颊有噬咬的伤口。仔猪为了抢奶头而争斗，难免兄弟自相残杀，只为了填饱肚子。③ 多数仔猪膝关节有损伤。多因仔猪跪在地上吃奶时间长，争抢奶头摩擦，导致膝盖受伤，易继发感染细菌性病原体，关节肿，被毛粗乱。④ 母猪放奶已结束，仔猪还含着母猪奶头不放。因奶水太少，仔猪吃不饱所致。⑤ 母猪乳房上有乳圈。奶太少所致。⑥ 母猪藏奶。母猪奶水不足，不愿给仔猪吮吸，吮吸使母猪不适，又或者母猪母性不好，或者初产母猪第一次不熟悉如何带仔所致。⑦ 母猪乳房红肿发烫，无乳综合征。母猪在产床睡觉姿势俯卧，不侧卧，是因为母猪乳房发炎，怕仔猪吸乳而疼痛。

（2）母猪奶水不足的应对措施　①提供一个安静舒适的产房环境。②饲喂质量好、新鲜适口的哺乳母猪料，绝不能饲喂发霉变质的饲料。③想方设法提高母猪的采食量。④提供足够清洁的饮水，注意饮水器的安装位置和饮水流速，保证母猪能顺利喝到足够的水。⑤做好产前、产后的药物保健，预防产后感染，有针对性的及时对产后出现的感染进行有效治疗。⑥催乳。对于乳房饱满而无乳排出者，用催产素20~30单位、10%葡萄糖100毫升，混合后静脉推注；或用催产素20~30单位、10%葡萄糖500毫升混合静脉滴注，每天1~2次；或皮下注射催产素30~40单位，每天3~4次，连用2天。此外，用热毛巾温敷和按摩乳房，并用手挤掉乳头塞。

对于乳房松弛而无乳排出者，可用苯甲酸雌二醇10~20毫克＋黄体酮5~10毫克＋催产素20单位，10%葡萄糖500毫升混合静脉滴注，每天1吃，连用3~5天，有一定的疗效。

中药催乳也有很好的疗效。催乳中药重在健脾理气、活血通经，可用通乳散或通穿散。通乳散：王不留行、党参、熟地、金银花各30克，穿山甲、黄芪各25克，广木香、通草各20克。通穿散：猪蹄匣壳4对（焙干）、木通25克、穿山甲20克、王不留行20克。

（五）其他检查

1. 检查母猪采食量

由于母猪分娩过程是强烈的应激过程，分娩后母猪往往体质虚弱，容易感染各种细菌，引发各种疾病，这些极易造成母猪不吃料。在生产上如发生这种情况，要认真查找引起不吃料的原因，并采取相应的措施。

2. 检查母猪健康和精神状况

哺乳母猪在分娩时和泌乳期间处于高度应激状态，抵抗力相对较弱，应及时在饲料中添加必要的抗生素进行预防保健。建议从分娩前7天到断奶后7天这一段时间（含哺乳全期）添加抗生素预防保健，至少应在分娩前后7天或断奶前后7天添加。

3. 检查舍内环境

给母猪和仔猪提供一个舒适安静的环境是饲养哺乳母猪非常关键的一项工作。

4.检查饮水器的供水情况

清洁充足的饮水对哺乳母猪的重要性甚至超过饲料，它是提高母猪采食量，确保充足奶水和自身健康的重要条件。因此每天早、中、晚定时检查饮水器，及时修复损坏的饮水器，保证充足的供水。

第六节 后备母猪和空怀母猪的饲养管理

一、后备母猪的饲养管理

（一）目前后备母猪的饲养管理的现状和缺点

目前许多猪场在后备母猪选种后（60千克左右）进行限制饲养，而且大多采用中、大猪料给予（导致钙磷不足、维生素不足）或采用怀孕母猪料（能量、蛋白、赖氨酸不足）饲喂。

此种方法具有诸多缺点。首先，限饲会减少日粮中的钙磷摄入，不能满足此期后备母猪骨骼的生长需要，而可能导致腿病和蹄病。维生素不足，会影响后备母猪生殖系统的发育，影响发情排卵和配种。其次，采用怀孕母猪料将使蛋白质摄入不足而显著延迟育成，减少背膘厚度，而背膘的这种减少可引起母猪繁殖上的问题，这是许多猪场母猪高淘汰率，生产性能得不到很好体现的直接原因。所以，从开始选种到配种应配制适合后备母猪生长发育的后备母猪专用料。

（二）后备母猪的营养需要

后备母猪的营养需要与肥育猪不一样，4月龄后，特别是钙、磷、维生素（例如：维生素 E、生物素、叶酸、维生素 B_2 等）与肥育猪是不同的。60千克以后的后备母猪建议其营养需要如下：消化能 $\geqslant 3.15$ 千卡，粗蛋白质（％）$\geqslant 16$，赖氨酸（％）$\geqslant 0.7$，钙（％）$\geqslant 0.6$，磷（％）$\geqslant 0.5$。

（三）后备母猪的饲喂

后备母猪的培养直接关系到初配年龄、使用年限及终身生产成绩。

1. 后备母猪的初配标准

①发情 2 次或 2 次以上。

②初配体重达到 100 千克以上。

③初配年龄最好在 7 月龄以上。发情已达 2 次，说明已在性成熟，生殖器官的发育已能满足怀孕产仔的需要，体重达 100 千克，也符合成年体重 40%~50% 的身体要求。

④初配时背膘厚（最后一肋骨处）18~20 毫米。

⑤若人工授精，必须使用小号输精管及润滑剂，连续输配 2~3 次，每次间隔时间 8~10 小时，每次输入精液量为 80 毫升，精子数不少于 30 亿个。

2. 后备的饲喂方式

①后备母猪体重达到 50 千克以后，换成专门的后备母猪料.

②后备母猪体重在 50~90 千克阶段，自由采食，至少饲喂 2.5 千克 /（头·天）。

③90 千克至配种前 10~14 天，适当控制喂料量，实行控制饲养，又可控制体重的高速增长，防止偏肥，保证各器官特别是生殖器官的充分发育。

④配种前 14 天开始进行催情饲养，提高饲养水平，实行短期优饲，增加母猪排卵数，从而增加第一胎产仔数，具体做法：后备母猪首次发情（不配）后至下一次或第三次发情配种前 10~14 天，提高饲养水平，每天给每头猪提供 3.5~4 千克饲料，实行湿拌料饲喂。

3. 促进后备母猪的发情措施

（1）运动 运动可以激活身体的各种器官也包括卵巢，许多有经验的饲养员对待不发情母猪采用倒圈、并圈、舍外驱赶运动等方式都取得了不错的效果，即足够的刺激运动。

（2）饲喂专用的后备母猪料

（3）增加光照 长期以来业界人士往往认为光照对猪的生产性能影响不大，他们忽视了后备猪的发情和光照有很大关系，规模猪场的大跨度猪舍及小的窗户面积使舍内光照度远远达不到刺激发情的作用，靠近南窗户的猪发情远高于见光少的其他位置的猪。解决这一问题，增大采光面积不太现实，人工光照会增大饲养成本，定期舍外活动是刺激发情的一个可行的办法。

（4）公猪刺激是最有效的催情办法，引发机体内各激素水平骤升骤降　据专家研究，在猪 70 千克以后每天接触公猪的母猪会很快发情，平均发情时间比不接触公猪的后备母猪发情提早 1 个月，接触公猪应为近距离的身体接触。现在许多采用公猪从母猪栏边走廊走过的办法，并没能有效地刺激母猪发情，这种办法对发情猪反应明显，但对未发情猪并没有太多的刺激，特别是每天例行从边上走过，几天后绝大部分母猪都会失去兴趣。

（四）后备母猪免疫程序

推荐后备母猪免疫程序，见表 4-16。

表 4-16　后备母猪推荐免疫程序

日龄	疫苗	日龄	疫苗
1 日龄	伪狂犬滴鼻 2 毫升	157 日龄	猪瘟
21 日龄	支原体肌内注射 2 毫升	164 日龄	蓝耳二免
38 日龄	猪瘟（应根据本场母源抗体水平来决定）	171 日龄	伪狂犬
55 日龄	五号病疫苗	178 日龄	乙脑细小二免
60 日龄	猪瘟	185 日龄	猪瘟二免
67 日龄	伪狂犬	192 日龄	伪狂犬二免
74 日龄	五号病疫苗	200 日龄	后海穴或肌内注射五号苗（进口佐剂）每头 3 毫升
136 日龄	肌内注射蓝耳弱毒苗	220 日龄	五号苗二免
150 日龄	细小、乙脑弱毒苗（左右耳各打一针）		

二、空怀母猪的饲养管理

（一）空怀母猪短期催情饲养

在正常饲养管理条件下，哺乳母猪断奶后，母猪尽可能不掉膘，断奶后 4~7 天就能发情配种。实践证明，对空怀母猪配种前催情饲养，有促进发情排卵和容易受胎的良好作用。断奶后，继续让母猪自

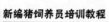

由采食哺乳母猪料，喂料量 3~4 千克，促使母猪体况恢复和内分泌系统平衡，特别是促进胰岛素的分泌，促进发情和排卵，争取断奶后 3~5 天内有 90% 以上的母猪发情，初产母猪更应进行催情饲养。

（二）空怀母猪的管理

在管理上可将断奶空怀母猪 4~5 头群饲，由于互相影响，可促进发情。但是更主要的手段是利用公猪刺激发情，具体方法是将公猪驱赶到母猪栏的周围来回走动，利用公猪的叫声、异性的气味等诱导母猪发情（也可将公猪关在空怀母猪栏的正对面公猪栏或邻栏，让公猪释放的外激素促进母猪发情）。

断奶后 10 天内仍不发情的母猪，称之为乏情。可采取以下方法进行处理。

① 将这些母猪混合饲养，一般 5~6 头一栏，全部移入一个新栏，减料 50% 或不给料只给水，一般 3~5 天后就有发情现象。

② 此期继续用公猪进行诱情。

③ 经过以上处理仍不发情的母猪，可注射孕马血清促性腺激素（PMSG）1000 国际单位＋促排卵 3 号（LHRH–A3）5 毫升或人绒毛促性腺激素（HCG）500~1000 国际单位进行注射，进口的 PG600 含有 400 国际单位的 PMSG 和 200 国际单位的 HCG，可以考虑选择使用。3 天后仍不发情的母猪，要考虑及时淘汰。

技能训练

新生仔猪的护理技术。

【目的要求】掌握初生仔猪护理技术，保证仔猪成活率。

【训练条件】临产母猪、必要的接产药械、工具、仪器、记录本等。

【操作方法】

（1）穿戴工作服进入待产母猪舍。

（2）根据训练内容分组。

（3）初生仔猪温度控制。

（4）固定乳头。

（5）断尾。

（6）3~4日龄时，补铁。

（7）5~7日龄时，补料。

【考核标准】

1. 控制仔猪保温箱温度32~35℃，能根据实际调整红外线灯高度。

2. 能根据"强在后、弱在前"的原则固定乳头。

3. 断尾手法熟练、无出血。

4. 补铁及时，注射剂量合理。

5. 开食、补料

① 能准确说出仔猪恰当的开食时间。

② 能选择合适的开食料。

③ 能做到少喂勤添。

思考与练习

1. 怎样确定仔猪的断奶时间？如何给仔猪断奶？

2. 如何搞好生长育肥猪的环境控制？

3. 怎么保证仔猪全活全壮？

4. 哺乳母猪管理的重点有哪些？

5. 怎样养好后备母猪？

第五章 猪病综合防制措施

知识目标

1. 掌握猪场各种消毒的方法。

2. 理解猪场卫生隔离的重要性，并搞好卫生管理。

3. 了解猪场粪污的处理方法，掌握对病死猪的无害化处理方法。

技能要求

1. 熟练掌握猪场各种消毒方法的操作。

2. 熟练操作猪场驱虫、杀虫和灭鼠。

3. 能制订简单的免疫程序。

第一节 猪场的消毒

一、猪群卫生

① 每天及时打扫圈舍卫生，清理生产垃圾，保持舍内外卫生干净整洁，所用物品摆放有序。

② 每天必须进圈内打扫清理猪的粪便，尽量做到猪、粪分离，

若是干清粪的猪舍，每天上下午及时将猪粪清理出来堆积到指定地方；若是水冲粪的猪舍，每天上下午及时将猪粪打扫到地沟里以清水冲走，保持猪体、圈舍干净。

③ 每周转运一批猪，空圈后要清洗、消毒，种猪上床或调圈，要把空圈先冲洗后用广谱消毒药消毒，产房每断奶一批、育成每育肥一批、育肥每出栏一批，先清扫，再用火碱雾化1小时后冲洗、消毒、熏蒸、消毒。

④ 注意通风换气，冬季做到保温，舍内空气良好，冬季可用风机通风5~10分钟（各段根据具体情况通风）。夏季通风防暑降温，排出有害气体。

⑤ 生产垃圾，即使用过的药盒、瓶、疫苗瓶、消毒瓶、一次性输精瓶用后立即焚烧或妥善放在一处，适时统一销毁处理。料袋能利用的返回饲料厂，不能利用的焚烧掉。

⑥ 舍内的整体环境卫生包括顶棚、门窗、走廊等平时不易打扫的地方，每次空舍后彻底打扫一次，不能空舍的每一个月或每季度彻底打扫一次。舍外环境卫生每一个月清理一次。猪场道路和环境要保持清洁卫生，保持料槽、水槽、用具干净，地面清洁。

二、空舍消毒

（一）消毒程序

① 首先要将猪舍内的地面、墙壁、门窗、天棚、通道、下水道、排粪污沟、猪圈、猪栏、饮水器、水箱、水管、用具等彻底清理打扫干净，再用水浸润，然后用高压水枪反复冲洗。

② 干燥后用消毒药液洗刷消毒1次。

③ 第二天再用高压水枪冲洗1次。

④ 干燥后再用消毒药液喷雾消毒1次。

⑤ 如为空舍，最后用福尔马林熏蒸消毒1次，空舍3天后可进猪。熏蒸消毒每立方米空间用福尔马林溶液25毫升，高锰酸钾25克，水12.5毫升，计算好用量后先将水和福尔马林混合（分点放药）于容器中，然后加入高锰酸钾，并用木棍搅拌一下，几秒钟后即可见浅蓝色刺激眼鼻的气体蒸发出来。室内温度应保持在22~27℃，关闭

门窗 24 小时，然后开门窗通风。

不能实施全进全出的猪舍，可在打扫、清理干净后，用水冲洗，再进行带猪消毒，每周进行 1 次，发生疫情时每天 2 次。

⑥ 转群后舍内消毒。产房、保育舍、育肥舍等每批猪调出后，要求猪舍内的猪只必须全部出清，一头不留，对猪舍进行彻底的消毒。可选用过氧乙酸（1%）、氢氧化钠（2%）、次氯酸钠（5%）等。消毒后需空栏 5~7 天才能进猪。消毒程序为：彻底清扫猪舍内外的粪便、污物、疏通沟渠→取出舍内可移动的部件（饲槽、垫板、电热板、保温箱、料车、粪车等），洗净、晾干或置阳光下暴晒→舍内的地面、走道、墙壁等处用自来水或高压泵冲洗，栏栅、笼具进行洗刷和抹擦→闲置一天→自然干燥后才能喷雾消毒（用高压喷雾器），消毒剂的用量为 1 升 / 米 ^{2} →要求喷雾均匀，不留死角→最后用清水清洗消毒机器，以防腐蚀机器。

⑦ 猪舍周围洼地要填平，铲除杂草和垃圾，消灭鼠类、杀灭蚊蝇、驱赶鸟类等，每半月清扫 1 次，每月用 5% 来苏儿溶液喷雾消毒 1 次。

⑧ 工作服、鞋、帽、工具、用具要定期消毒；医疗器械、注射器等煮沸消毒，每用 1 次消毒 1 次。

（二）消毒注意要点

① 要详细阅读药物使用说明书，正确使用消毒剂。按照消毒药物使用说明书的规定与要求配制消毒溶液，配比要准确，不可任意加大或降低药物浓度，根据每种消毒剂的性能决定其使用对象和使用方法，如在酸性环境和碱性环境下应分别使用氯化物类和醛类消毒剂，才可达到良好的消毒效果。当发生病毒及芽孢性疫病时，最好使用碘类或氯化物类消毒剂，而不用季铵盐类消毒剂。

② 不要随意将两种不同的消毒剂混合使用或同时消毒同一物品。因为两种不同的消毒剂合用时常因物理或化学的配合禁忌导致药物失效。

③ 严格按照消毒操作规程进行，事后要认真检查，确保消毒效果。

④ 消毒剂要定期更换，不要长时间使用一种消毒剂消毒一种对

象，以免病原体产生耐药性，影响消毒效果。

⑤ 消毒药液应现用现配，尽可能在规定的时间内用完，配制好的消毒药液放置时间过长，会使药液有效浓度降低或完全失效。

⑥ 消毒操作人员要做好自我保护，如穿戴手套、胶靴等防护用品，以免消毒药液刺激手、皮肤、黏膜和眼等。同时也要注意消毒药液对猪群的伤害及对金属等物品的腐蚀作用。

三、带猪消毒

（一）消毒前应彻底消除圈舍内猪只的分泌物及排泄物

1. 分泌物及排泄物中含有大量的病原微生物

临床患病猪只的分泌物及排泄物中含有大量的病原微生物（细菌、病毒、寄生虫虫卵等），即使临床健康的猪只的分泌物及排泄物中也存在大量的条件致病菌（如大肠杆菌等）。消毒前经过彻底清扫，可以大量减少猪舍环境中病原微生物的数量。

2. 粪便中有机物的存在可影响消毒的效果

一方面，粪便中的有机物可掩盖细菌对病原起着保护作用；另一方面，粪便中的蛋白质与消毒药结合起反应，消耗了药量，使消毒效力降低。

（二）选择合适的消毒剂

选择消毒药时，不但要符合广谱、高效、稳定性好的特点，而且必须选择对猪只无刺激性或刺激性小、毒性低的药物。强酸、强碱及甲醛等刺激性腐蚀性强的药物，虽然对病原菌作用强烈、消毒效果好，但对猪只有害，不适宜作为带猪消毒的消毒剂。建议选用1%新洁尔灭、1%过氧乙酸、二氯异氰尿酸钠等药物，效果比较理想。

（三）配制适宜的药物浓度和足够的溶液量

1. 适宜的浓度

消毒液的浓度过低达不到消毒的效果，徒劳无功；浓度过大不但造成药物的浪费，而且对猪只刺激性、毒性增强引起猪只的不适。必须根据使用说明书的要求，配制适宜的浓度。

2. 足够的溶液量

带猪消毒应使猪舍内物品及猪只等消毒对象达到完全湿润，否则消毒药粒子就不能与细菌或病毒等病原微生物直接接触而发挥作用。

（四）消毒的时间和频率

1．消毒的时间

带猪消毒的时间应选择在每天中午气温较高时进行较好。冬春季节，由于气温较低，为了减缓消毒所致舍温下降对猪只的冷应激，要选择在中午或中午前后进行消毒。夏秋季节，中午气温较高，舍内带猪消毒在防疫疾病的同时兼有降温的作用，选择中午或中午前后进行消毒也是科学的。况且，温度与消毒的效果呈正相关，应选择在一天中温度较高的时间段进行消毒工作。

2．消毒的频率

一般情况下，舍内带猪消毒以一周一次为宜。在疫病流行期间或养猪场存在疫病流行的威胁时，应增加消毒次数，达到每周 2~3 次或隔日一次。

（五）雾化要好

喷药物，要保证雾滴小到气雾剂的水平，使雾滴在舍内空气中悬浮时间较长，既节省了药物，又净化了舍内的空气质量，增强灭菌效果。

带猪消毒不但杀灭或减少猪只生存环境中病原微生物，而且净化了猪舍内的空气质量，夏季兼有降温作用，控制疫病发生流行的最重要手段，养猪场有关人员应认真遵循上述五项原则，做好养猪场的带猪消毒工作。

（六）冬季带猪消毒

在寒冷季节，门窗紧闭，猪群密集，舍内空气严重污染的情况下进行的消毒，要求消毒剂不仅能杀菌，还有除臭、降尘、净化空气的作用。采用喷雾消毒，消毒剂用量 0.5 升 / 米^3，可选用 1% 过氧乙酸、1% 新洁尔灭等。消毒程序为：准备好消毒喷雾器→测量所要消毒的猪舍体积而计算消毒液的用量→根据消毒桶 / 罐中加水的重量 / 体积、消毒液浓度、消毒剂的含量，计算消毒剂的用量，加入、混匀→细雾喷洒从猪舍顶端，自上而下喷洒均匀→最后用清水清洗消毒机器，以防腐蚀机器。

四、饮水消毒

当猪场处于农村或远郊而无统一的自来水供应时，需要对猪场的饮水进行必要的净化和消毒。若猪场所用的水源为地面水，一般都比较混浊，细菌含量较多，必须采用普通净化法和消毒法来改善水质；若水源为地下水，则一般都较为清洁，只需进行必要的消毒处理。有时，水源水质较为特殊，还需采用特殊的处理方法（如除铁、除氟、除臭、软化等）。

1. 混凝沉淀

当水体静止或水流缓慢时，水中的悬浮物可借本身重力逐渐向水底下沉，从而使水澄清，此即自然沉淀。但水中较细的悬浮物及胶质微粒因带有负电荷，彼此相斥，不易凝集沉降，因而必须加入明矾、硫酸铝和铁盐（如硫酸亚铁、三氯化铁等）等混凝剂，使水中极小的悬浮物及胶质微粒凝聚成絮状物而加快沉降，这就是混凝沉淀。采用混凝沉淀的方法，可以使水中的悬浮物减少70%~95%，除菌效果可达90%左右。在实际中，混凝沉淀的效果受水温、pH值、混浊度、混凝剂的用量以及混凝沉淀的时间等因素的影响。混凝剂的用量可通过混凝沉淀试验来进行确定，普通河水用明矾沉淀时，其用量为40~60毫克/升。对于混浊度低或水温较低时，往往不易混凝沉淀，此时可投加助凝剂（如硅酸钠等）以促进混凝。

2. 砂滤

砂滤是将混浊的水通过砂层，使水中的悬浮物、微生物等阻留在砂层上部，从而使水得到净化。砂滤的基本原理是阻隔、沉淀和吸附作用。滤水的效果决定于滤池的构造、滤料粒径的适当组合、滤层的厚度、滤过的速度、水的混浊程度和滤池的管理情况等。

集中式给水的过滤一般可分为慢砂滤池和快砂滤池两种。目前大部分自来水厂采用快砂滤池，而简易的自来水厂多采用慢砂滤池。分散式给水的过滤，可在河边或湖边挖渗水井，使水经过地层自然滤过，从而改善水质。如能在水源和渗水井之间挖一砂滤沟，或建筑水边砂滤井，则可更好的改善水质。此外，也可采用砂滤缸或砂滤桶来进行滤过。

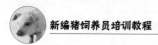

3. 消毒

通过砂滤和混凝沉淀处理后的水，细菌含量已大大减少，但还可能存在少量的病原菌。为了确保饮水安全，必须再经过消毒处理。

疾病传播的很重要途径是饮水，较多猪场的饮水中大肠杆菌、霉菌、病毒往往超标。也有较多场在饮水中加入了维生素、抗生素粉制剂，这些维生素和抗生素会造成管道水线堵塞和生物膜大量形成，影响饮水卫生。因此，消毒剂的选择很重要，有很多消毒药说明书上宣称能用于饮水消毒，但不能盲目使用，应选择对猪盲肠道有益且能杀灭生物膜内所有病原的消毒药作为饮水消毒药。

饮水消毒的方法很多，如氯化法、煮沸法、紫外线照射法、臭氧法、超声波法、高锰酸钾法等。目前最常用的方法是氯化消毒法，该法杀菌力强、设备简单、费用低、使用方便。加氯消毒的效果与水的pH、混浊度、水温、加氯剂量及接触时间、余氯的性质及量等有关。当水温为 20℃，pH 值为 7 左右时，氯与水接触 30 分钟，水中剩余的游离氯（次氯酸或次氯酸根）大于 0.3 毫克/升，才能完全杀灭水中的病菌。当水温较低、pH 值较高、氯与水的接触时间较短时，则需要保留水中具有更高的余氯才能保证消毒效果，因而应加入更多的氯。也就是说，消毒剂的用量，除满足在接触时间内与水中各种物质作用所需要的有效氯量外，还应使水在消毒后有适量的剩余氯，以保证其持续的杀菌能力。

氯化消毒用的药剂有液态氯和漂白粉两种。集中式给水的加氯消毒主要用液态氯，小型水厂和一般分散式给水则多用漂白粉消毒。其中，漂白粉的杀菌能力取决于其所含的有效氯。新制漂白粉一般含有效氯 25%~35%，但漂白粉易受空气中二氧化碳、水分、光线和高温等的影响而发生分解，使有效氯的含量不断减少。因此，须将漂白粉装在密闭的棕色瓶内，放在低温、干燥、阴暗处，病在使用前检查其中有效氯的含量。如果有效氯含量低于 15%，则不适于作饮水消毒用。此外，还有漂白粉精片，其有效氯含量高且稳定，使用较为方便。

需要注意的是，饮水消毒，慎防中毒。饮水消毒是把饮水中的微生物杀灭，猪喝的是经过消毒的水，而不是消毒药水。任意加大饮水消毒药物浓度可引起急性中毒外、杀死或抑制肠道内的正常菌群，对猪的健康造成危害。在临床上常见的饮水消毒剂多为氯制剂、季铵盐类和碘制剂，中毒原因往往是浓度过高或使用时间过长。中毒后多见胃肠道炎症并积有黏液、腹泻，以及不同程度的死亡。

五、空气消毒

空气中缺乏微生物所需的营养物质，特别是经过风吹、日晒、干燥等自然净化作用，不利于微生物的生存。因此，微生物在空气中不能进行生长繁殖，只能以悬浮状态存在。但是空气中确实有一定数量的微生物存在，主要来源于土壤中的微生物随着尘土的飞扬进入空气中；人、猪的排泄物、分泌物排出体外，干燥后其中微生物也随之飞扬到空气中。特别是人、猪呼吸道、口腔的微生物随着呼吸、咳嗽、喷嚏形成的气溶胶悬浮于空气中，若不采取相应的消毒措施，极易引起某些传染病，特别是经呼吸道传播的传染病的流行。因此，空气消毒的重点是猪舍。

一般猪舍内被污染的空气中微生物数量每立方米可达 10 个以上，特别是在添加粗饲料、更换垫料、出栏、打扫卫生时，空气中微生物会大量增加。因此，必须对猪舍内空气进行消毒。空气消毒最简便的方法是通风，这是减少空气中细菌数量极为有效的方法；其次是利用紫外线杀菌或甲醛气体熏蒸等化学药物进行消毒。

六、车辆消毒

在猪场大门口应该设置消毒池和消毒通道，消毒池的长度为进出车辆车轮 2 个周长以上，消毒池上方最好建顶棚，防止日晒雨淋和污泥浊水入内，并设置喷雾消毒装置（图 5-1）。消毒池内的消毒液 2~3 天彻底更换一次，所用的消毒剂要求作用较持久、较稳定，可选用 2%~3% 氢氧化钠、1% 过氧乙酸、5% 来苏儿等。程序为：消毒池加入 20 厘米深的清洁水→测量水的重量 / 体积→计算（根据水的重量 / 体积、消毒液的浓度、消毒剂的含量，计算出所需消毒剂的用量）→添加、混匀。

所有进入养殖场（非生产区或生产区）的车辆（包括客车、饲料

图 5-1　消毒通道

运输车、装猪车等）消毒可分为危险车辆和一般车辆。危险车辆为搬运猪和饲料的车辆、经常出入养猪场的车辆等（如来自其他养猪场的、饲料兽药销售服务车）。一般车辆为与猪无接触机会的访客车辆。原则上车辆尽可能停放在生物安全区的周围之外，严格控制车辆特别是危险车辆进入猪场，只有必要的车辆才能进入猪场。

（一）危险车辆的消毒

车轮喷洒消毒、车辆整体消毒、停车处的消毒。

1. 干洗，除去有机物

自车辆内部及外部除去有机物的步骤是很必要的，因为粪便及垃圾中含有大量的污染，且为传播疾病的主要来源。使用刷子、铲子、耙或机械式刮刀，除去下列区域中的有机物。

特别注意要清除沉积于车辆底部的有机物质。使用坚硬的刷子（必要时，使用压力冲洗器）清扫，确定车轮、轮箍、轮框、挡泥板及无遮蔽的车身无任何淤泥及稻草等污物残留。

2. 清洁

虽然除去了污染的垫料及垃圾，但是仍然有大量感染源残留。使用清洁剂进行喷洒，确保油污不会残留于表面。

3. 消毒

虽然经过了清洁的步骤，但是致病微生物（尤其是病毒）的数量仍然很高，足以引起疾病。因此需使用光谱消毒剂来有效对抗细菌、酵母菌、霉菌及其他病原菌。

车辆外部，由车顶开始，然后依序往车厢四边消毒。需特别注意车辆的车框、车箍、挡泥板及底部的消毒。

车辆内部，由车厢顶开始往下消毒，需彻底消毒车厢顶部、内壁、分隔板及地面。需特别注意上下货斜坡、货物升降架及栅门的消毒。

确定车辆腹侧置物箱中所有已清洗的设备，例如铲子、刷子等皆已喷洒过易净或金福溶液或浸泡易净或金福溶液中。

归还消毒设备前，要先消毒腹侧置物箱内部的所有表面。

（二）一般车辆的消毒

进出猪场的运输车辆，必须经过门口设置的消毒池或消毒通道。采用的消毒剂对猪无刺激性、无不良影响，可选用 0.5% 过氧化氢溶液、1% 过氧乙酸、二氯异氰尿酸钠等。任何车辆不得进入生产区。消毒程序为：准备好消毒喷雾器→根据消毒桶 / 罐中加水的重量 / 体积、消毒液浓度、消毒剂的含量，计算消毒剂的用量，加入、混匀→喷洒从车头顶端、车窗、门、车厢内外、车轮自上而下喷洒均匀→用清水清洗消毒机器，以防腐蚀机器→3~5 分钟后方可准许车辆进场。

七、生产区消毒

员工和访客进入生产区必须要更衣消毒沐浴，或更换一次性的工作服，换胶鞋后通过脚踏消毒池（消毒桶）才能进入生产区。

1. 更衣沐浴

喷雾消毒室，可用戊二醛 1 : 1200 稀释，每天适量添加，每周更换一次，1~2 月互换一次。

2. 脚踏消毒池（消毒桶）

工作人员应穿上生产区的胶鞋或其他专用鞋，通过脚踏消毒池（消毒桶）进入生产区。可用百毒杀 1 : 300 稀释，每天适量添加，每周更换一次，两种消毒剂 1~2 月互换一次。

八、进出人员消毒

（一）人员消毒

严格控制参观者，对进入猪场参观员必须进行严格监控。

① 进入猪场生产区的人员必须换本场消毒过的专用衣服和鞋，衣物用紫外线照射 18 小时以上。

猪场进出口除了设有消毒池消毒鞋靴外，还需进行洗手消毒。既要注重外来人员的消毒，更要注重本场人员的消毒。采用的消毒剂对人的皮肤无刺激性、无异味，可选用 0.5% 过氧乙酸溶液、0.5% 新洁尔灭（季铵盐类消毒剂）。消毒程序为：设立两个洗手盆 A\B →加入清洁水→盆 A：根据水的重量 / 体积计算需加消毒剂的用量→进场人员双手先在 A 盆浸泡 3~5 分钟→在盛有清水的 B 盆洗尽→毛巾擦干即可。

② 进入饲养场的所有人员必须进行喷雾消毒，消毒剂为 0.5% 过氧乙酸溶液，喷雾时间不得少于 60 秒，雾化消毒剂不得大于 15 微米。所有人员手部消毒必须 0.5% 过氧乙酸或 0.5% 新洁尔灭溶液进行洗手消毒；洗手后不需要使用清水洗手部，只需要让其自然干燥即可。

③ 进入猪场生产区的人员必须过消毒池。

④ 进入猪舍的人员必须经过消毒池。足履消毒池：在养殖场的出入口及养殖场内每座建筑和房间的出入口处都设置足履消毒池。要保证每周更新消毒液，如果水靴被泥土或粪便严重污染，请在进入足履消毒池前使用刷子清洁水靴。

（二）人员消毒管理

① 饲养管理人员应经常保持自身卫生、身体健康，定期进行常见的人畜共患病检疫，同时应根据需要进行免疫接种，如卡介苗、狂犬病疫苗等。如发现患有危害畜禽及人的传染病者，应及时调离，以防传染。

② 饲养人员除工作需要外，一律不准在不同区域或栋之间相互走动，工具不得互相借用。

③ 任何人不准带饭，更不能将生肉及含肉制品的食物带入场内。场内职工和食堂均不得从市场购肉，吃肉问题由场宰杀健康猪供给。

④ 所有进入生产区的人员，必须坚持"三踩一更"的消毒制度。即：场区门前踩 3% 的火碱池、更衣室更衣、消毒液洗手，生产区门前及猪舍门前消毒池或盆消毒后方可入内。条件具备时间，要先淋浴、更衣，再消毒进入生产区。

⑤ 场区禁止参观，严格控制非生产人员进入生产区，若生产或业务必需时间，经过兽医同意后更换工作衣、鞋帽后，经过消毒方可进入，严禁外来车辆进入场区，若必须进入时间，车辆必须经过严格消毒方可进入。在生产区内使用的车辆、用具，一律不得外出。

⑥ 生产区不准养猫、养狗，职工不得将宠物带入场内不准在兽医诊疗室以外的地方解剖尸体。

⑦ 建立严格的兽医卫生防疫制度，猪场生产区和生活区分开，入口处设消毒池，设置专门的隔离室和兽医室，做好发病时病猪的隔离、检疫和治疗工作，控制疫病范围，做好病后的消毒净群等工作。

⑧ 当某种疾病在本地区或本场流行时，要及时采取相应的防制措施，并要按规定上报主管部门，采取隔离、封锁措施。

⑨ 坚持自繁自养的原则。若确实需要引种，必须隔离 45 天，确认无病，并接种疫苗后方可调入生产区。

⑩ 长年定期灭鼠，及时消灭蚊蝇，以防疾病传播。

⑪ 对于死亡猪的检查，包括剖检等工作，必须在兽医诊疗室内进行，或在距离水源较远的地方检查。剖检后的尸体以及死亡的尸体应深埋或焚烧。

⑫ 本场外出的人员和车辆，必须经过全面消毒后方可回场。

⑬ 运送饲料的包装袋，回收后必须经过消毒，方可再利用，以防止污染饲料。

第二节　猪场的卫生管理

一、完善养猪场隔离卫生设施

① 猪场四周建有围墙或防疫沟，并有绿化隔离带，猪场大门入

口处设消毒池。

② 生产区入口处设人员更衣淋浴消毒室，在猪舍入口处设地面消毒池。

③ 种猪展示厅和装猪台设置在生产区靠近围墙处，出售的种猪只允许经展示厅后从装猪台装车外运，不可返回。

④ 开放式猪舍应设置防护网。

⑤ 饲料库房应设在生产区与管理区的连接处，场外饲料车不允许进入生产区。

⑥ 病猪尸体处理按 GB 16548—2006 的规定执行。

二、加强猪场卫生管理

猪群疫病主要是病原微生物传播造成的，而病原微生物理想的栖息场所是猪舍，也就是说病原微生物生存于养猪生产的各个角落，如空地、舍内、空气等场所，因此如何防止病原微生物的繁殖生长及传播是保护猪群健康的关键，控制病原微生物的繁殖生长及传播即不给它提供生存之地、传播之路，也就是说猪场给猪群提供一个良好的环境和有效的消毒措施，从而降低猪只生长环境中的病原微生物数量，为猪群提供一个良好的生存环境。

（一）猪群的卫生

① 每天及时打扫圈舍卫生，清理生产垃圾，保持舍内外卫生干净整洁，所用物品摆放有序。

② 保持舍内干燥清洁，每天必须进圈内打扫清理猪的粪便，尽量做到猪、粪分离，若是干清粪的猪舍，每天上下午及时将猪粪清理出来堆积到指定地方；若是水冲粪的猪舍，每天上下午及时将猪粪打扫到地沟里以清水冲走，保持猪体、圈舍干净。

③ 每周转运一批猪，空圈后要清洗、消毒，种猪上床或调圈，要把空圈先冲洗后用广谱消毒药消毒，产房每断奶一批、育成每育肥一批、育肥每出栏一批，先清扫冲洗，再用消毒药消毒。

④ 注意通风换气，冬季做到保温，舍内空气良好，冬季可用风机通风 5~10 分钟（各段根据具体情况通风）。夏季通风防暑降温，排出有害气体。

⑤ 生产垃圾，即使用过的药盒、瓶、疫苗瓶、消毒瓶、一次性输精瓶用后立即焚烧或妥善放在一处，适时统一销毁处理。料袋能利用的返回饲料厂，不能利用的焚烧掉。

⑥ 舍内的整体环境卫生包括顶棚、门窗、走廊等平时不易打扫的地方，每次空舍后彻底打扫一次，不能空舍的每一个月或每季度彻底打扫一次。舍外环境卫生每一个月清理一次。

⑦ 四季灭鼠，夏季灭蚊蝇。

（二）空舍消毒遵循的程序：清扫、消毒、冲洗、熏蒸消毒

① 空舍后，彻底清除舍内的残料、垃圾及门窗尘埃等，并整理舍内用具。产房空舍后把小猪料槽集中到一起，保温箱的垫板立起来放在保温箱上便于清洗，育成、育肥、种猪段空舍后彻底清除舍内的残料、垃圾及门窗尘埃等，并整理舍内用具。

② 舍内设备、用具清洗，对所有的物体表面进行低压喷洒，浓度为2%~3%火碱，使其充分湿润，喷洒的范围包括地面、猪栏、各种用具等，浸润1小时后再用高压冲洗机彻底冲洗地面、食槽、猪栏等各种用具，直至干净清洁为止。在冲洗的同时，要注意产房的烤灯插座及各栋电源的开关及插座。

③ 用广谱消毒药彻底消毒空舍所有表面、设备、用具，不留死角。消毒后用高锰酸钾和甲醛熏蒸24小时，通风干燥空置5~7天。

④ 进猪前2天恢复舍内布置，并检查维修设备用具，维修好后再用广谱药消毒一次。

三、发生传染病时的紧急处置

1. 隔离诊断

当发生疫病或死猪时，要查明原因，做出初步判断。如确认是传染病或疑似传染病时，应严格封锁，将病猪隔离，专人饲养。将疫情报告当地兽医主管部门，通知邻近养猪户和猪场，以便采取相应措施。

2. 隔离观察和治疗

对病猪和可疑猪只，分别隔离观察和治疗。对同群猪尚未见发病的，应注意观察，根据疾病种类用相应的疫（菌）苗进行紧急预防注射，控制传染病的发生。

3.封锁疫区，搞好消毒

当确定为传染病时，根据情况，划定疫区进行封锁。封锁的目的是为了控制疫病的继续扩大蔓延，以便迅速消灭疫病。疫区禁止车马、人来往出入。做好消毒工作。为了消灭传染源，对不能治的病猪全部淘汰，可在兽医监督下，加工处理。病死猪尸体、粪便和污染的垫草等，在指定地点烧毁或深埋。

4.解除封锁

病猪全部治愈或最后一头病猪死亡以后，经一定的时间不再发现病猪，再做一次彻底消毒后方可解除封锁。

第三节　猪场驱虫、杀虫与灭鼠

一、猪场驱虫

（一）当前规模化猪场寄生虫病发生的特点

1.猪群感染寄生虫的分类

猪群感染寄生虫一般分为两类。一类是需要中间宿主的"生物源性"寄生虫，比如猪的肺丝虫、猪囊虫、姜片吸虫及棘头虫等；另一类是不需要中间宿主的"土源性"寄生虫，比如猪蛔虫、猪鞭虫、弓形虫、球虫、毛首线虫及疥螨等。由于规模化猪场都隔离集中饲养在圈舍中，猪不易接触外界的中间宿主，因此，需要中间宿主才能传播的寄生虫病发生很少；而不需要中间宿主的寄生虫病发生较多。

2.季节性

当前寄生虫病的发生没有明显的季节性。猪场一年四季都可见寄生虫病。

3.临床上常见寄生虫病交叉感染、重复感染与继发感染

当猪群受到各种不良因素影响时处于免疫抑制状态，免疫力低下时，易导致寄生虫病交叉感染或重复感染，以及继发感染。比如猪场经常出现猪球虫与大肠杆菌病及轮状病毒病等混合感染；发生附红细胞体病时经常继发猪瘟、弓形体病和蓝耳病；弓形体病常与猪瘟或伪狂犬病或猪肺疫或喘气病或链球菌病混合感染；猪蛔虫病与猪瘟，以及猪肺丝虫病与猪肺疫混合感染等。这样会导致病情复杂化，发病率与死亡率增高，造成更大的损失。

（二）寄生虫病的防制技术

1. 选择驱虫药的原则

正规厂家生产的，广谱、高效、低毒、安全、适口性好、使用剂量小、使用方便、便于保存、猪体内残留量低、价格低廉。

2. 养猪场寄生虫病控制程序

种公猪每年春、秋各驱虫1次；后备母猪配种前15天驱虫1次；妊娠母猪产仔后断奶时驱虫1次；哺乳仔猪断奶后驱虫1次；保育仔猪转群进入育肥舍时驱虫1次；育肥中期（出栏前2个月）驱虫1次；引进猪只在隔离检疫30天期限内驱虫1次；所有的母猪与种公猪在配种前2周要进行1次体外驱虫。

3. 常用驱虫药物与使用方法

体内驱虫用伊维菌素。注射剂；每千克体重0.3毫克，皮下注射1次即可；必要时可间隔7~9天后重复注射1次。可驱杀猪的胃肠道线虫与疥螨等。休药期为28天，泌乳期禁用。预混剂；每1000千克饲料加2克，连用7天，休药期为5天。

阿维菌素：每千克体重0.3毫克，1次内服，可驱杀猪蛔虫、结节虫、肾虫、鞭虫、肺丝虫、疥螨、血虱等。休药期为28天，泌乳期禁用。

左旋咪唑：注射剂，每千克体重7.5毫克，皮下或肌内注射；片剂，每千克体重7.5毫克，溶于水后拌入料中或饮水中内服，必要时，可在首次服药后2~4周再用药1次，效果更佳。可驱杀猪的胃肠道线虫、肺丝虫、结节虫、绦虫、囊尾蚴、猪蛔虫、猪肾虫及鞭虫等。休药期28天，妊娠母猪不能使用。

丙硫苯咪唑：每千克体重5毫克，拌入料中内服，可驱杀猪的胃肠道线虫、肺丝虫、绦虫及囊尾蚴等。休药期为28天，妊娠母猪不能使用。

通灭：每33千克体重肌内注射1毫升，全场每年使用2次即可。

体外驱虫：双甲咪油乳剂，浓度为 12.5%，用药 1 升加水配制成 250 升（含双甲咪 0.05%），用于体表喷洒或涂擦。感染严重者用药 7 天后可再用药 1 次，以彻底治愈。可杀灭疥螨、虱、蚤、蚊、蝇、虻等昆虫。休药期为 8 天。

杀虫脒：油乳剂，使用浓度为 0.1%~0.2%，体表喷洒，可杀灭疥螨、虱、蚤、蚊、蝇等昆虫。休药期为 8 天。

螨立克：体表喷洒使用浓度为 1% 溶液，可杀灭疥螨等。

精制敌百虫：体表喷洒使用浓度为 1%~2% 溶液，可杀灭疥螨、虱、蚤、蚊、蝇等。

（三）驱虫注意事项

① 养猪场要根据猪群寄生虫病发生的情况及当地动物寄生虫病的流行状况，有针对性地制定周密可行的驱虫计划，有步骤地进行驱虫。

② 实施驱虫之前要认真对猪群进行虫卵检查，弄清本猪场猪体内外寄生虫种类与严重程度，以便有效的选择最佳的驱虫药物，安排适宜的驱虫时间实施驱虫，以达到最佳的驱虫效果。

③ 驱虫用药时，要严格按照选用驱虫药的使用说明书所规定的剂量、给药方法及注意事项等进行，不得随意改变药物的用量和使用方法，否则易引发意外事故的发生。

④ 驱虫后要注意观察猪群状态，对出现严重反应的猪只要立即查明原因，并及时进行解救。

⑤ 猪场使用驱虫药要轮换使用不同的品种，不要长期只使用 1~2 种驱虫药，防止产生耐药虫株。目前在一些猪场已出现了耐药性虫株，甚至存在交叉耐药现象。这都与猪场长期和反复的使用 1~2 种驱虫药，使用剂量小或浓度低有关。

⑥ 驱虫后猪只排出的粪便与虫体要集中妥善处理，防止扩散病原。因为粪便中带有寄生虫虫卵和幼虫，在外界适宜的条件下可发育成感染性幼虫，通过污染饲料、饮水与环境，易造成猪群重复感染。因此，粪便及污物要进行厌氧消化和堆积发酵，利用生物热，杀灭虫卵和幼虫。同时要加强对猪舍内外环境的消毒与杀虫，消灭中间宿主，改变寄生虫中间宿主隐匿和滋生的条件，使没有进入中间宿主的

幼虫无法完成其发育，而达到消灭寄生虫的目的。

⑦ 抗寄生虫药物对人体有一定的危害性，因此，使用驱虫药时，要避免药物与人体直接接触，采取防护措施，以免对人体刺激、过敏及中毒等事故的发生。有些驱虫药还会污染环境，因此，接触药物的容器及用具一定要妥善处理，避免造成污染环境，后患无穷。

⑧ 猪只上市屠宰前 30 天停止使用驱虫药，以免猪体产生药物残留，严重影响公共卫生安全和人类的健康。

二、猪场杀虫

（一）有害昆虫的危害性

许多节肢动物（如蚊、蝇、蜱、虻、蠓、螨、虱、蚤等吸血昆虫）都是动物疫病及人畜共患病的传播媒介，可携带细菌 100 多种、病毒 20 多种、寄生虫 30 多种，能传播传染病和寄生虫病 20 几种。常见的有：伪狂犬病、猪瘟、蓝耳病、口蹄疫、猪痘、传染性胃肠炎、流行性腹泻、猪丹毒、猪肺疫、链球菌病、结核病、布鲁氏菌病、大肠杆菌病、沙门氏菌病、产气荚膜梭菌病、猪痢疾、钩端螺旋体病、附红细胞体病、猪蛔虫病、囊虫病、猪球虫病及疥螨等疫病。这不仅会严重危害动物与人类的健康，而且影响猪只生长与增重，降低其非特异性免疫力与抗病力。因此，选用高效、安全、使用方便、经济和环境污染小的杀虫药杀灭吸血昆虫，对养猪生产及保障公共环境卫生的安全均具有重要的意义。

（二）养猪场的杀虫技术措施

1. 加强对环境的消毒

养猪场要加强对猪场内外环境的消毒，以彻底的杀灭各种吸血昆虫。猪群实行分群隔离饲养，"全进全出"的制度；正常生产时每周消毒 1 次，发生疫情时每天消毒 1 次，直至解除封锁；猪舍外环境每月消毒 1 次，发生疫情时每周消毒 1 次，直至解除封锁；猪舍外环境每月清扫大消毒 1 次；人员、通道、进出门随时消毒。

消毒剂可选用 1% 安酚（复合酚）、8% 醛威（戊二醛溶液）、1:133 溴氯海因粉、1:300 护康（月苄三甲氯胺溶液）、杀毒灵（每 1 升水加 0.2 克）等消毒剂实施喷洒消毒。上述消毒剂杀菌广谱、药效持久、安全、使用方便，价格适中。

2.控制好昆虫滋生的场所

猪舍每天要彻底清扫干净，及时除去粪尿、垃圾、饲料残屑及污物等，保持猪舍清洁卫生，地面干燥、通风良好，冬暖夏凉。猪舍外环境要彻底铲除杂草，填平积水坑洼，保持排水与排污系统的畅通。严格管理好粪污，无害化处理。使有害昆虫失去繁衍滋生的场所，以达到消灭吸血昆虫的目的。

3.使用药物杀灭昆虫

加强蝇必净：250克药物加水2.5升混均匀后用于喷洒猪舍、地面、墙壁、门窗、栏圈及排粪污沟等，每周1次，对人体和猪只无毒副作用。可杀灭蚊、蝇、蜱、螨、虱子、骚等吸血昆虫。

蚊蝇净：10克（1瓶）药物溶于500毫升水中喷洒猪舍、地面、墙壁、门窗、栏圈及排粪污沟等，对人体和猪只无毒副作用。可杀灭蚊、蝇、蜱、螨、虱、蚤等吸血昆虫。

蝇毒磷：白色晶状粉末，含量为20%，常用浓度为0.05%，用于喷洒，对蚊、蝇、蜱、螨、虱、蚤等有良好的杀灭作用。休药期为28天。毒性小，安全性高。

力高峰（拜耳）：用0.15%浓度溶液喷洒（猪体也可以），可杀灭吸血昆虫与体外寄生虫等。安全、广谱，效果好，使用方便。

拜虫杀（拜耳）：原药液兑水50倍用于喷洒，可杀灭吸血昆虫与体外寄生虫等。安全、广谱，效果好，使用方便。

4.猪场也可使用电子灭蚊灯、捕捉拍打及黏附等方杀灭吸血昆虫，既经济又实用

三、猪场灭鼠

（一）鼠类的危害性

1.鼠类传播疫病，对人体和动物的健康造成严重的威胁

据有关研究报告，鼠类携带各种病原体，能传播伪狂犬病、口蹄疫、猪瘟、流行性腹泻、炭疽、猪肺疫、猪丹毒、结核病、布鲁氏菌病、李氏杆菌病、土拉杆菌病、沙门氏菌病、钩端螺旋体病及立克次氏体病等多种动物疫病及人畜共患病，对动物和人类的健康造成严重

的威胁。

2. 鼠类常年吃掉大量的粮食

我国鼠的数量超过 30 亿只，每年吃掉的粮食为 250 万吨，超过我国每年进口粮食的总量，经济损失达 100 多亿元。猪舍和围墙的墙基、地面、门窗等方面都应力求坚固，发现有洞要及时堵塞。猪舍及周围地区要整洁，挖毁室外的巢穴、填埋、堵塞鼠洞，使老鼠失去栖身之处，破坏其生存环境，可达到驱杀之目的。

（二）灭鼠方法

1. 利用各种工具以不同的方式扑杀鼠类

如关、夹、压、扣、套、翻（草堆）、堵（洞）、挖（洞）、灌（洞）等。

2. 药物灭鼠

卫公灭鼠剂：每支 10 毫升，将药物溶于 100 毫升热水（40℃）中，充分混匀，再加入 500 克新鲜玉米粉反复搅拌，至药液吸干后即可使用，放至鼠类出入处，洞口附近及墙角处，让其采食。

敌鼠钠盐：取敌鼠钠盐 5 克，加沸水 2 升搅匀，再加 10 千克杂粮粉，浸泡至毒水全部吸收后，加适量的植物油拌匀，晾干后备用。

杀鼠灵：取 2.5% 药物母粉 1 份、植物油 2 份、面粉 97 份，加适量水制成每粒 1 克的面丸，投放毒饵灭鼠。

立克命（拜耳）：直接撒施，灭鼠彻底。

0.005% 鼠克命膏剂：每 30 厘米距离投放 1 包，不发霉，可长期使用。

（三）养猪场灭鼠注意事项

① 选择高效敏感，对人和猪无毒副作用，对环境无污染的、廉价、使用方便的灭鼠药物用于灭鼠。使用药物之前要熟悉药物的性质和作用特点，以及对人和动物的毒性和中毒的解救措施，以便发生事故时急用。

② 掌握好药物的安全有效的使用剂量和浓度，以及最佳的使用方法，以便充分发挥灭鼠药物的作用，又能避免造成人和动物发生中毒。

③ 药物灭鼠后要及时收集鼠尸，集中统一处理，防止猪只误食

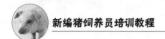

后发生二次中毒。

④ 用于灭鼠的药物要定期临换使用，长期使用单一的灭鼠药物易产生耐药性，结果造成灭鼠失败。

⑤ 灭鼠药要从国家指定药店购买，不要从个人手中购药，以免购进伪、劣、假药，否则贻误灭鼠工作的开展。

第四节　粪污与病死猪的无害化处理

一、粪污处理方法

规模化化猪场的粪、尿、污水处理有多种不同的技术方案。

（一）水冲粪法

即学习国外的方法，采用高压水枪、漏缝地板，在猪舍内将粪尿混合，排入污沟，进入集污池，然后，用固液分离机将猪粪残渣与液体污水分开，残渣运至专门加工厂加工成肥料，污水通过厌氧发酵、好氧发酵处理。在猪舍设计上的特点是地面采用漏缝地板，深排水沟，外建有大容量的污水处理设备；这种方案在我国 20 世纪 80 年代、90 年代特别是南方广州、深圳较为普遍，是我国学习国外集约化养猪经验的第一阶段；这种方案虽然可以节省人工劳力，但用水量大，排出的污水 COD（化学耗氧量）、BOD（生化需氧量）值较高，处理污水的日常维护费用大，污水处理池面积大，投资费用也相对较大。显然，这个技术路线不适合目前的节水、节能的要求，特别对我国中部和北方地区养猪很不适合。

（二）干清粪法

即采用人工清粪，在猪舍内先把粪和尿分开，用手推车把粪集中运至堆粪场，加工处理，猪舍地面不用漏缝地板（或用微缝地板，缝隙 5 毫米宽），改用室内浅排污沟，减少冲洗地面用水。这种方案虽然增加了人工费，但它克服了"水冲粪法"的缺点，猪场每天用水量可大大减少，一般可比"水冲粪法"减少 2/3；排出污水的 COD 值只有前法的 75% 左右，BOD 值只有前法的 40%~50%，悬浮物只有前法的 50%~70%，污水更容易处理；用本法生产的有机肥质量更高，有机肥的收入可以相当于支付清粪工人的工资；污水池的投资少，占地面积小，日常维持费用低：在猪舍设计上另一个重要之处是将污水道与雨水道分开，这样可大大减少污水量；雨水可直接排入河中。

对一个有 600 头母猪年产 10 000 头肉猪的场来说，干清粪法比水冲粪法平均每天可减少排污水量 100 吨左右，年减少污水 36 500 吨，每吨水价以 2.3 元计，一年可节省 8.4 万元，每吨污水的处理成本约 3 元（污水设备投资 100 万元，15 年折旧，每年运行费 10 万元，年污水量以 547 500 吨计），可节省污水处理成本 10.95 万元。两项合计约 20 万元，是一项不少的收入。

（三）采用"猪粪发酵处理"技术

近年来，一种模仿我国古代"填圈养猪"的"发酵养猪"技术正由日本的一些学者与商家传入我国南方一些地区试验。该法将切短的稻草、麦秆、木屑等秸秆和猪粪、特定的多种发酵菌混合搅拌，铺于地面，断奶仔猪或肉猪大群（40~80 头 / 群）散养于上，同时在猪的饲料中加入 0.1% 的特定菌种。猪的粪尿在该填料上经发酵菌自然分解，无臭味，填料发酵，产生热量，地面温软，保护猪蹄。以后不断加填料，1~2 年清理一次。所产生的填料是很好的肥料。只是在夏天，由于地面温度较高，猪不喜欢睡卧填料处，需另择他处睡卧，同时要喷水。这是一种正在研究的方法。如成功，可大大节省人工、投资和设备。

二、病死猪的无害化处理

根据规定，病死猪应该进行无害化处理。当前，绝大部分死猪都进行了无害化处理。但是，由于一些养殖场户法制意识不强、陋习难改，加之监管和无害化处理能力不足，导致向河道等地随意抛弃死猪情况仍有发生。

（一）焚烧

它是通过氧化燃烧，杀灭病原微生物，把动物尸体变为灰烬的过程。焚烧可采用的方法有：柴堆火化、焚烧炉和焚烧窖 / 坑等。

优点：高温焚烧可消灭所有有害病原微生物。

缺点：① 需消耗大量能源。据了解，采用焚烧炉处理 200 千克的病死动物，至少需要燃烧 8 升 / 小时的柴油。② 占用场地大，选择地点较局限。应远离居民区、建筑物、易燃物品，上面不能有电线、电话线，地下不能有自来水、燃气管道，周围有足够的防火带，位于主导风向的下方，避开公共视野。③ 焚烧产生大气污染。包括灰尘、一氧化碳、氮氧化物、酸性气体等，需要进行二次处理，增加处理成本。

（二）深埋

将病死畜禽埋于挖好的坑内，利用土壤微生物将尸体腐化、降解。

优点：成本投入少，仅需购置或租用挖掘机。

缺点：① 占用场地大，选择地点较局限。应远离居民区、建筑物等偏远地段。② 处理程序较繁杂，需耗费较多的人力进行挖坑、掩埋、场地检查。③ 使用漂白粉、生石灰等进行消毒，灭菌效果不理想，存在暴发疫情的安全隐患。④ 造成地表环境、地下水资源的污染问题。

（三）化尸池

将病死畜禽从池顶的投料口投入，投料后关上盖子，病死畜禽在全封闭的腔内自然腐化、降解。

优点：化尸池建造施工方便，建造成本低廉。

缺点：① 占用场地大，化尸池填满病死畜禽后需要重新建造。② 选择地点较局限，需耗费较大的人力进行搬运。③ 灭菌效果不理想。④ 造成地表环境、地下水资源的污染问题。

（四）化制

病死畜禽经过高温高压灭菌处理，实现油水分离，化制后可用于制作肥料、工业用油等。

优点：① 处理后成品可再次利用，实现资源循环。② 高温高压，可使油脂溶化和蛋白质凝固，杀灭病原体。

缺点：① 设备投资成本高。② 占用场地大，需单独设立车间或建场。③ 化制产生废液污水，需进行二次处理。

（五）高温生物降解（现行最佳方法）

利用微生物可降解有机质的能力，结合特定微生物耐高温的特点，将病死畜禽尸体及废弃物进行高温灭菌、生物降解成有机肥的技术。

优点：① 处理后成品为富含氨基酸、微量元素等的高档有机肥，可用于农作物种植，实现资源循环。② 设备占用场地小，选址灵活，可设于养殖场内。③ 工艺简单，病死畜禽无需人工切割、分离，可整只投入设备中，加入适量微生物、辅料，启动运行即可。处理物、产物均在设备中完成，实现全自动化操作，仅需 24 小时，病死畜禽变成高档有机肥。④ 处理过程无烟、无臭、无污水排放，符合绿色环保要求。⑤ 95℃高温处理，可完全杀灭所有有害病原体

缺点：设备投资成本稍高，约 50 万元 / 台，散养户可能无法购置使用。建议以乡、镇为单位购置该设备，建立无害化集中处理场。

第五节 猪场的免疫

一、猪场常用疫苗及应用方法

（一）猪瘟兔化弱毒冻干苗

皮下或肌内注射，每次每头 1 毫升，注射后 4 天产生免疫力，免疫期保护为 1~1.5 年。为了克服母源抗体干扰，断奶仔猪可注射 3 或 4 头份。此疫苗在 −15℃条件下可以保存 1 年，0~8℃条件下，可以保存 6 个月，10~25℃条件下，可以保存 10 天。

（二）猪丹毒疫苗

1. 猪丹毒冻干苗

皮下或肌内注射，每次每头 1 毫升，注射后 7 天产生免疫力，免疫期保护为 6 个月。此疫苗在 −15℃条件下可以保存 1 年，0~8℃条件下，可以保存 9 个月，25~30℃条件下，可以保存 10 天。

2. 猪丹毒氢氧化铝灭活苗

皮下或肌内注射，10 千克以上的猪每次每头 5 毫升，10 千克以

下的猪每次每头 3 毫升，注射后 21 天产生免疫力，免疫保护期为 6 个月。此疫苗在 2~15℃条件下，可以保存 1.5 年，28℃以下，可以保存 1 年。

（三）猪瘟、猪丹毒二联冻干苗

肌内注射，每头每次 1 毫升，免疫保护期为 6 个月。此疫苗在 –15℃条件下可以保存 1 年，2~8℃条件下，可以保存 6 个月，20~25℃条件下，可以保存 10 天。

（四）猪肺疫菌苗

1. 猪肺疫氢氧化铝灭活苗

皮下或肌内注射，每头每次 5 毫升，注射后 14 天产生免疫力，免疫保护期为 6 个月。此疫苗在 2~15℃条件下，可以保存 1~1.5 年。

2. 口服猪肺疫弱毒菌苗

不论大小猪一般口服 3 亿个菌，按猪数计算好需要菌苗剂量，用清水稀释后拌入饲料，注意要让每一头猪都能吃上一定的料，口服 7 天后产生免疫力。免疫期为 6 个月。

（五）仔猪副伤寒弱毒冻干苗

皮下或肌内注射，每头每次 1 毫升，断乳后注射能产生较强免疫保护力。此疫苗 –15℃条件下可以保存 1 年，在 2~8℃条件下，可以保存 9 个月，在 28℃条件下，可以保存 9~12 天。

（六）猪瘟、猪丹毒、猪肺疫三联活苗

肌内注射，每头每次 1 毫升，按瓶签标明用 20% 氢氧化铝胶生理盐水稀释，注射后 14~21 天产生免疫力，猪瘟的免疫保护期为 1 年，猪丹毒、猪肺疫的免疫保护期均为 6 个月。未断奶猪注射后隔两个月再注苗一次。此疫苗在 –15℃条件下可以保存 1 年，0~8℃条件下，可以保存 6 个月，10~25℃条件下，可以保存 10 天。

（七）猪喘气病疫苗

1. 猪喘气病弱毒冻干疫苗

用生理盐水注射液稀释，对怀孕 2 月龄内的母猪在右侧胸腔倒数第 6 肋骨与肩胛骨后缘 3.5~5 厘米外进针，刺透胸壁即行注射，每头 5 毫升。注射前后皆要严格消毒，每头猪一个针头。

2. 猪霉形体肺炎（喘气病）灭活菌苗

仔猪于 1~2 周龄首免，2 周后第二次免疫，每次 2 毫升，肌内注射。接种后 3 天即可产生良好的保护作用，并可持续 7 个月之久。

（八）猪萎缩性鼻炎疫苗

1. 猪萎缩性鼻炎三联灭活菌苗

本菌苗含猪支气管败血波德氏杆菌、巴氏杆菌 A 型和产毒素 5 型及巴氏杆菌 A、D 型类毒素。对猪萎缩性鼻炎提供完整的保护。每头猪每次肌内注射 2 毫升。母猪产前 4 周接种 1 次，2 周后再接种 1 次，种公猪每年接种 1 次。母猪已接种者，仔猪于断奶前接种 1 次；母猪未接种者，仔猪于 7~10 日龄接种 1 次。如现场污染严重，应在首免后 2~3 周加强免疫 1 次。

2. 猪传染性萎缩性鼻炎油佐剂二联灭活疫苗

颈部皮下注射。母猪于产前 4 周注射 2 毫升，新进未经免疫接种的后备母猪应立即接种 1 毫升。仔猪生后一周龄注射 0.2 毫升（未免母猪所生），四周龄时注射 0.5 毫升，八周龄时注射 0.5 毫升。种公猪每年 2 次，每次 2 毫升。

（九）猪细小病毒疫苗

1. 猪细小病毒灭活氢氧化铝疫苗

使用时充分摇匀。母猪、后备母猪，于配种前 2~8 周，颈部肌内注射 2 毫升；公猪于 8 月龄时注射。注苗后 14 天产生免疫力，免疫期为 1 年。此疫苗在 4~8℃冷暗处保存，有效期为 1 年，严防冻结。

2. 猪细小病毒病灭活疫苗

母猪配种前 2~3 周接种一次；种公猪 6~7 月龄接种一次，以后每年只需接种一次。每次剂量 2 毫升，肌内注射。

3. 猪细小病毒灭活苗佐剂苗

阳性猪群断奶后的猪，配种前的后备母猪和不同月龄的种公猪均可使用，对经产母猪无须免疫。阴性猪群，初产和经产母猪都须免疫，配种前 2~3 周免疫，种公猪应每半年免疫 1 次。以上每次每头肌内注射 5 毫升，免疫 2 次，间隔 14 天，免疫后 4~7 天产生抗体，免疫保护期为 7 个月。

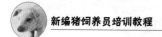

（十）伪狂犬病毒疫苗

1.伪狂犬病毒弱毒疫苗

乳猪第一次注射 0.5 毫升，断奶后再注射 1 毫升；3 月龄以上架子猪 1 毫升；成年猪和妊娠母猪（产前一个月）2 毫升，注射后 6 天产生免疫力，免疫保护期为一年。

2.猪伪狂犬病灭活菌苗、猪伪狂犬病基因缺失灭活菌苗和猪伪狂犬病基因缺失弱毒菌苗

后两种基因缺失灭活苗，用于扑灭计划。这三种苗均为肌内注射，程序是：小母猪配种前 3~6 周之间注射 2 毫升，公猪为每年注射 2 毫升，肥猪约在 10 周龄注射 2 毫升或 4 周后再注射 2 毫升。

（十一）兽用乙型脑炎疫苗

为地鼠肾细胞培养减毒苗。在疫区于流行期前 1~2 个月免疫，5 月龄以上至 2 岁的后备公母猪都可皮下或肌内注射 0.1 毫升，免疫后一个月产生坚强的免疫力。

二、免疫程序的制定与实施

（一）猪场制定免疫程序的原则

免疫是防疫的重要一环，免疫程序是否合理关系到免疫成败，从而影响生产成绩。猪场要制定科学的免疫程序，要遵循以下基本原则。

1.目标原则

在制定免疫程序时，首先要明确接种疫苗要达到的目标。

（1）通过免疫母猪保护胎儿　如接种细小病毒和乙型脑炎疫苗是为了全程保护怀孕期胎儿，在母猪配种前 4 周接种为宜，后备猪到 7.5~8 月龄配种，在 6 月龄接种为宜，考虑到后备猪是首次免疫该 2 种疫苗，所以 4 周后需要再加强接种 1 次。如果接种过早，个别后备母猪 9~10 月龄才发情配种，由于抗体水平下降，导致怀孕中后期得不到抗体保护而发病，所以到了 9 月龄后才发情配种的后备母猪需加强接种 1 次。

（2）通过母源抗体保护仔猪　给母猪接种病毒性腹泻苗主要是为了通过母猪的母源抗体保护哺乳仔猪，所以流行性腹泻 - 传染性胃

肠炎疫苗在产前跟胎免疫为好，同时为了获得高水平的母源抗体，一般间隔 4 周后再加强接种 1 次。有的猪场哺乳仔猪链球菌发病率较高，也可在母猪产前 3~5 周接种链球菌疫苗。

（3）同时保护母仔　伪狂犬病、猪瘟、蓝耳病、圆环病毒、口蹄疫等疫病，可以考虑种猪实行普免，普免的免疫密度比跟胎免疫要加大，才能使母猪群各个阶段都有较高的抗体保护，如每年普免 3~4 次。如果某种疫病在哺乳仔猪发病率高，可以改为产前免疫；如果应用的疫苗安全性差、应激大，最好安排在产后空胎时接种或者考虑换安全性好的疫苗。用于普免的疫苗要求疫苗具有毒株毒力小、应激小、对怀孕胎儿安全的特性，毒株毒力较强的疫苗（如高致病性蓝耳病疫苗）进行普免就要十分谨慎。

（4）保护仔猪直到育肥猪上市　一般在仔猪的母源抗体合格率降到 65%~70% 时进行首免，如果 1 次免疫不能保护至肥猪上市，一般间隔 4 周后加强免疫 1 次，如给仔猪首免猪瘟、伪狂犬病、蓝耳病、圆环病毒等疫苗，4 周后需要加强免疫。

（5）保护未发病的同群猪　在猪群发病初期加大剂量紧急接种疫苗，通过快速产生免疫保护达到控制疫病。用于紧急接种的疫苗应具有毒株毒力小、产生免疫保护快、毒株同源性高的特性，如猪场发生猪瘟或伪狂犬病时通常采取疫苗紧急接种的办法，能使疫病得到很好控制，但蓝耳病疫苗因其产生免疫保护迟缓、毒株毒力较高一般不适宜用于紧急接种。

2. 地域性与个性相结合原则（毒株同源性原则）

根据自己猪场实际情况，因地制宜，制定适合本场的免疫程序，不要去照搬，需要通过病原和流行病学调查，确定本地区和本场流行的疾病类型，选择同源性高的毒株或有交叉保护好的毒株疫苗进行免疫，如发生地方性猪丹毒可接种猪丹毒疫苗，有的地方发生 A 型口蹄疫，可选择 A 型口蹄疫疫苗。

3. 强制性原则

把国家强制要求的口蹄疫、猪瘟、高致病性蓝耳病 3 个烈性传染病的疫苗免疫好。因为这些疫病一旦暴发，不仅会对本场造成重大的损失，还会对邻近的其他牧场和公共卫生造成极大影响。

4.病毒性疫苗优先的原则

目前猪病比较复杂，需要防控的疫病种类很多，在制定免疫程序时，需要考虑病毒疫苗优先免疫。我们可以根据引发疫病的微生物种类、原发病、危害严重性，对疫苗进行分类，依次接种。

（1）**基础免疫**　猪瘟、伪狂犬病、口蹄疫，这3个疫病关系到猪场生死存亡，所以放在最优先接种。

（2）**关键免疫**　蓝耳病和圆环病毒病会引起免疫抑制，从而导致继发或混合感染，甚至会影响其他苗的免疫效果，因此这2种疫苗的免疫很关键。

（3）**重点免疫**　为了保护胎儿，母猪配种前重点免疫乙脑和细小病毒疫苗；为了保护初生仔猪，母猪产前重点免疫病毒性腹泻疫苗；为了保护育肥猪，仔猪重点免疫支原体疫苗。

（4）**选择性免疫**　如传染性萎缩性鼻炎、链球菌病、副猪嗜血杆菌病、猪丹毒、猪肺疫及大肠杆菌病等细菌病，这些疾病如果危害较小可通过适当抗生素预防和环境控制解决，如果对猪场危害大可考虑接种疫苗，如产床粗糙，常引起哺乳仔猪关节损伤导致链球菌病发生，母猪产前可免疫链球菌苗，如产房排污困难、湿度大，常发生黄白痢，母猪产前可免疫大肠杆菌苗。

5.经济型原则

一些慢性消耗性疾病，如圆环病毒病、肺炎支原体和萎缩性鼻等疫病会导致生长慢，饲料转化率低，增加了饲养成本，降低了猪场收益。众多的试验表明，圆环病毒感染的猪场接种疫苗组与空白对照组相比，疫苗组能提高日增重46~128克、提早出栏7~22天、降低料重比0.13~0.34，降低死淘率3%~11%不等。在选择疫苗品牌时，主要依据疫苗接种试验的经济指标（如母猪年生产力、料重比、性价比）以评估疫苗优劣。

6.季节原则

蚊虫大量繁殖的夏季易发乙脑，寒冷的冬春易发口蹄疫和病毒性腹泻。可在这些疫病多发月份来临前4周接种相应的疫苗，如北方3—4月接种乙脑；9—10月接种口蹄疫和病毒性腹泻苗，同时因南方每年2—4月是雨水多、空气湿冷，饲料易霉变的季节，所以每年

1—2月需要加强接种口蹄疫和病毒性腹泻疫苗。

7. 阶段性原则

根据本场的临床症状、病理变化、抗体转阳时间和抗原检测来分析本场的发病规律，在本病易感染阶段提前4周免疫相关疫苗，或在野毒抗体转阳提前4周免疫相关疫苗。怀孕母猪易感染乙脑和细小病毒，导致流产、死胎、木乃伊，母猪配种前免疫该2种疫苗；蓝耳病常引起怀孕后期（90天后）出现流产、死胎，在怀孕60天接种比较适宜；初生仔猪易发生病毒性腹泻造成大量死亡，母猪产前重点免疫病毒性腹泻疫苗；断奶后7~8周龄的保育仔猪易发生圆环病毒病，哺乳仔猪3周龄接种圆环病毒疫苗；育肥猪易发生支原体肺炎，仔猪重点免疫支原体疫苗。

8. 避免干扰原则

（1）避免母源抗体干扰 在制定免疫程序时，过早注射疫苗，疫苗抗原会被母源抗体中和而导致免疫失败，过迟免疫又会出现免疫空挡，因此需要对母源抗体进行检测，建议母源抗体合格率下降到65%~70%时进行首免。目前很多猪场母猪普免猪瘟疫苗3次/年，仔猪到3~4周龄时猪瘟母源抗体水平保护率达85%以上，如果这时接种猪瘟疫苗，就会因母源抗体干扰而导致保育猪6~8周龄抗体水平差而发病。目前很多猪场普免伪狂犬病疫苗3~4次/年，仔猪7~8周龄伪狂犬病母源抗体水平保护率高达85%以上，但很多猪场7~8周龄接种伪狂犬病疫苗而导致免疫失败，这是目前伪狂犬病发病比较严重的一个主要原因。

（2）避免疫苗之间干扰 接种2种疫苗要间隔1周以上，除已批准的二联苗外，如蓝耳－猪瘟的二联苗，在接种蓝耳病弱毒疫苗后建议间隔2周以上才能接种其他疫苗。在安排季节性普免疫苗时，为避免蓝耳病疫苗病毒对其他疫苗的干扰，可按照猪瘟－伪狂犬病－口蹄疫－乙脑－圆环病毒－蓝耳病的顺序安排接种。

（3）避免疾病对疫苗的干扰 如果猪群或猪只处于发病阶段或亚健康状态，如猪群群体出现发热、腹泻等现象，需要先进行药物治疗，然后再免疫。特别强调的是在蓝耳病高毒血症期间或发病期间，尽可能避免接种其他疫苗，可以稍提前或推迟其他疫苗接种。

（4）避免药物干扰　接种活菌疫苗前后 1 周，禁止使用抗生素；接种活疫苗（病毒苗）前后 1 周，禁止使用抗病毒的药物，例如金刚烷胺、干扰素、抗血清、抗病毒的中草药等；接种疫苗前后 1 周，尽量避免使用免疫抑制类药物，例如氟苯尼考、磺胺类、氨基糖苷类、四环素、地米等糖皮质激素。

（5）避免应激干扰　避免在去势、断奶、长途运输后、转群、换料、气候突变等应激状态下进行疫苗的接种，如不能在断奶时接种猪瘟疫苗。

9. 安全性原则

接种疫苗后，有的猪会出现减食、精神沉郁或体温升高在 1.0℃ 以内现象，这些反应是正常的，多在 1~3 天消失。但是常遇到接种某些疫苗时会出现绝食、体温升高 1.0℃ 以上、口吐白沫、倒地痉挛、过敏性休克、甚至死亡或母猪流产等严重副反应，更严重的是注射后出现猪群暴发疫病。这就需要采取降低免疫副反应的措施：① 初次使用某种疫苗时先小群试用；② 选择适宜的免疫阶段，尽量避开母猪重胎期和怀孕初期接种，避开猪群发烧、腹泻时接种；③ 选择毒株毒力小的疫苗；④ 选择佐剂优良应激小的疫苗；⑤ 有细菌混合感染发病不稳定的猪群先加抗生素稳定后再接种；⑥ 接种应激大的疫苗，如口蹄疫灭活苗和蓝耳病疫苗时，接种前后 3 天在饲料或饮水添加电解多维抗应激；⑦ 尽可能避免紧急接种；⑧ 检查疫苗是否合格，不用如过期变质、包装破损的疫苗；⑨ 辅导员工熟练接种操作，如不能盲目过量注射。

10. 免疫监测原则

免疫是动态的，随着猪群健康的变化而变化，所以需要每季度或每批疫苗免疫后监测，定期调整免疫程序。免疫监测的目的：一是根据检测结果调整免疫程序，二是评估免疫效果。免疫监测的方法：① 观察临床表现；② 屠检检测；③ 生产成绩评估；④ 实验室检测（重点是实验室检测）：首先是免疫后 4 周左右抽血检测抗体水平，如果抗体水平不符合要求，要检查免疫失败原因，同时尽快补接种疫苗；其次，免疫后 16 周龄、20 周龄、24 周龄抽血检测，评估免疫持续保护时间，从而决定免疫时间、免疫次数和免疫剂量；特别强调的是猪场应重视育肥猪中大猪阶段的检测，评估育肥猪免疫成败重要指标是看免疫是否能保护猪群直至出栏。具体检测时间可采用双周检测。

根据制定免疫程序的十大原则，对照检查猪场免疫程序是否合理，科学制定免疫程序。诚然，免疫是一项系统工程，要使免疫发挥最佳还需要选择好优质的疫苗、确保疫苗运输与保管的冷链安全和培训好熟练的免疫操作人员等。同时，务必记得饲养管理、环境控制、生物安全管理等一系防控措施是免疫的基础，只有综合管理才能较好地预防疫病，保护猪群健康，使效益最大化。

（二）养猪场常用参考免疫程序

近几年，一些地区猪病流行严重，常常造成猪只大量死亡，给养殖户造成很大损失，即使管理比较规范的规模猪场，同样也是难逃厄运，因此，及时注射疫苗，成为保护猪群的关键措施。根据猪病流行规律，规模猪场可根据猪群来源特点，分别采用不同的免疫程序。

1. 从市场购进的仔猪群：8 针全覆盖

很多猪场都是外购仔猪。外购仔猪需要充分了解有无疫情威胁，在保证外购仔猪安全的情况下，还要及时注射疫苗。近几年，很多猪场蓝耳病不断，喘气病（霉形体肺炎）、口蹄疫复发，因此，应重点预防喘气病、蓝耳病、口蹄疫等疫病。

购进第 1 天，注射百病康（免疫球蛋白）；购进第 2 天，注射疫毒清（转移因子）；购进第 7 天，注射猪喘气病疫苗；购进第 14 天，注射猪蓝耳病疫苗；购进第 21 天，注射猪伪狂犬病疫苗；购进第 30 天，注射猪口蹄疫疫苗；购进第 42 天，注射猪瘟－猪丹毒－猪肺疫三联苗；购进第 58 天：注射猪口蹄疫疫苗。

2. 自繁自养的仔猪群：10 针加补铁

自繁自养并不一定保证猪群绝对安全，免疫保护需要从仔猪出生那天就开始做起。以下 10 针免疫程序不一定适合所有猪场，可根据猪场周边的流行病学特点，灵活使用，适当变通。

1 日龄，注射百病康（免疫球蛋白）；3 日龄，补铁配合补硒（缺硒地区）；5~7 日龄，注射猪气喘病疫苗；15 日龄，注射仔猪大肠埃希氏菌三价灭活疫苗；20 日龄，注射猪链球菌疫苗或猪伪狂犬病疫苗；25日龄，注射猪蓝耳病疫苗；30日龄，注射猪传染性胃肠炎 – 流行性腹泻二联疫苗；35日龄，注射猪瘟细胞苗 + 疫毒清（转移因子）；42日龄，注射猪口蹄疫疫苗；60日龄，注射猪瘟 – 猪丹毒 – 猪肺疫三联苗；70日龄，注射猪口蹄疫疫苗。

3. 自繁自养的初产母猪：配前产前各4针

在自繁仔猪免疫程序的基础上，对自繁自养的初产母猪，可施行配前4针、产前4针的免疫程序。

配种前40天，注射蓝耳病疫苗；配种前30天，注射猪伪狂犬病疫苗；配种前20天，注射细小病毒病疫苗；配种前10天，注射猪瘟 – 猪丹毒 – 猪肺疫三联苗；产前40天，注射仔猪大肠杆菌三价灭活苗（K88–K99）；产前30天，注射猪传染性胃肠炎 – 流行性腹泻二联苗；产前20天，注射仔猪大肠杆菌三价灭活苗（K88–K99）。

4. 经产母猪：配前产前共7针

经产母猪，同样需要免疫接种，防疫重点同样是蓝耳病、伪狂犬病、猪瘟、大肠杆菌病等疫病。

配种前40天，注射流行性乙型脑炎疫苗；配种前30天，注射猪蓝耳病疫苗；配种前20天，注射猪伪狂犬病疫苗；配种前10天，注射猪瘟 – 猪丹毒 – 猪肺疫三联苗；产前40天，注射仔猪大肠杆菌三价灭活苗（K88–K99）；产前30天，注射猪传染性胃肠炎 – 流行性腹泻二联苗；产前20天，注射仔猪大肠杆菌三价灭活苗（K88–K99）。

5. 种公猪：重点对付6种病

种公猪的免疫也很重要，一般每年应免疫2次猪瘟、蓝耳病、圆环病毒病2型、口蹄疫、伪狂犬病，乙型脑炎也需要引起重视，一般在每年的4—6月。

6. 注意事项

① 普通猪瘟细胞活疫苗预防量，小猪4头份，大猪10头份；高效猪瘟细胞活疫苗预防量，小猪1头份，大猪2头份。

② 极少数猪接种疫苗后20~60分钟，可能出现急性过敏反应，如焦躁不安、呼吸加快、肌肉震颤、可视黏膜充血、呕吐等。建议及时使用肾上腺素或地米等药物进行治疗；体温升高者，可使用青霉

素、复方氨基比林配合维生素进行治疗。

③ 在免疫前后 2 天内，禁止饲喂抗病毒药物；在免疫前后 1 天内，禁止饲喂磺胺类药物、利福平、氟苯尼考等药物；在免疫前后 12 小时内，禁止饲喂抗生素药物。

④ 接种疫苗前，一定要根据本场猪群健康状况，如本场猪群处于亚健康或有发烧、呼吸道症状，一定要慎重接种。在接种疫苗前 3 天，使用黄芪多糖、电解多维饮水或拌料，可以达到抵抗应激反应和提高机体免疫力的作用。

⑤ 仔猪断奶或阉割前后 3 天，尽量不接种疫苗，各阶段换料要逐渐过渡。

⑥ 实践证明，仔猪在断奶前 2 天，肌内注射水剂百病康（猪免疫球蛋白），可明显降低由于断奶应激而诱发的顽固性腹泻、水样腹泻、圆环病毒 2 型、蓝耳病、猪伪狂犬病、非典型猪瘟、猪流感、传染性胃肠炎等疾病的发生。

⑦ 冬天注射疫苗时，注意采用水浴的方法给疫苗预热，使其温度达到与动物体温接近。

三、猪的免疫接种操作

（一）猪免疫接种的方法

1. 肌内注射法

（1）选择合适的针头 选择合适针头，严禁使用粗短针头（表 5-1）。

表 5-1 注射针头的选择

猪只体重（千克）	针头型号	针头长度（厘米）
≤ 10	6~9	1.2~2.0
10~25	9	2.5
25~50	12	3.0
50~100	12~16	3.5~3.8
≥ 100	16	3.8~4.5

油佐剂疫苗比较黏稠，选择的针头型号可大些，水佐剂疫苗选择的针头型号可小些，切忌用过粗的针头。小猪一针筒药液换一个针头；种猪一头猪换一个针头。

可选择针尖呈棱形头，菱形针头锐利，阻力少，针尖斜面针头圆钝，阻力大。

（2）用固定针头抽取药液　使用非连续注射器抽取疫苗时，在疫苗瓶上固定一枚针头抽取药液，绝不能用已给猪注射过的针头抽取，以防污染整瓶疫苗。注射器内的疫苗不能回注疫苗瓶，避免整瓶疫苗污染；注射前要排空注射器内的空气。

（3）必要时要进行保定猪只

（4）进针的部位、角度　一般选择颈部肌内注射（臂头肌）。进针的部位为双耳后贴覆盖的区域：成年猪在耳后5~8厘米，前肩3厘米双耳后贴覆盖的区域，这个区域脂肪层较薄，容易进针到肌肉内，药液容易吸收。垂直于体表皮肤进针直达肌肉。

进针部位和角度不当，常将药液注入脂肪层，如斜角向下进针，容易注射脂肪层；注射点太高，药液被注射入脂肪层；注射部位太低，药液会进入脂肪或腮腺；药液注入脂肪层，容易造成局部肿胀、疼痛、甚至形成脓包，需避开脓包注射。如打了飞针或注射部位流血，一定要在猪只另一侧补一针疫苗。

（5）按规定剂量进行接种　剂量太少则免疫效果差，剂量太大则成本过高，同时可能会产生副反应，尤其毒株毒力大的疫苗；注射过程中要定期检查和校准注射器之刻度，以防调节螺旋滑动造成剂量不准确。注射过程中要观察连续注射器针筒内是否有气泡，发现针管内有气泡要及时排空，否则剂量不足。

一般两种疫苗不能混合注射使用，同时注射两种疫苗时，要分开在颈部两侧注射。

2. 皮下注射

猪布氏杆菌病活疫苗要皮下注射。皮下注射方法：在耳根后方，先将皮肤提起，将再药液注射入皮下，即将药液注射到皮肤与肌肉之间的疏松组织中。

3．交巢穴注射

病毒腹泻苗采用交巢穴（又称"后海穴"）注射较好，其部位在肛门上、尾根下的凹陷中，注射时将尾提起，针与直肠呈平行方向刺入，当针体进入到一定深度后，便可推注药物。3日龄仔猪进针深度为 0.5 厘米、成年猪为 4 厘米。

4．肺内注射接种

猪气喘病活疫苗采用肺内注射接种，将仔猪抱于胸前，在右侧肩胛骨后缘沿中轴线向后 2~3 肋间或倒数第 4~5 肋间，先消毒注射局部，取长度适宜的针头，垂直刺入胸腔，当感觉进针突然轻松时，说明针已入肺脏，即可进行注射。肺内注射必须一只小猪换一个针头。

5．气雾喷鼻接种

常用于初生仔猪伪狂犬活疫苗接种，也用于支原体活疫苗接种。

喷鼻操作：1 头份伪狂犬疫苗稀释成 0.5 毫升，使用连续注射器，每个鼻孔喷雾 0.25 毫升，使用专用的喷鼻器，用一定力量推压注射器活塞，让疫苗喷射出呈雾状，气雾接触到较大面积的鼻黏膜，充分感染嗅球。过去采用滴鼻方法，不仅疫苗接触到鼻黏膜面积有限，同时仔猪常将疫苗喷出鼻腔，造成免疫失败。使用干粉消毒剂给初生仔猪进行消毒和干燥的猪场，用疫苗喷鼻后不能让消毒干粉吸入鼻孔内，否则造成免疫失败。

（二）免疫接种的准备工作

1．制定科学的免疫程序

免疫接种前必须制定科学的免疫程序，从猪场实际生产出发，考虑本场常见疫病种类、发病特点、既往病史、当地疫病流行情况、受威胁程度，结合猪群种类、用途、年龄、各种疫病的抗体消长规律及疫苗性质等因素，制定适合本场实际需要的免疫程序。

免疫程序包括：接种猪类别，疫苗名称，免疫时间，接种剂量，免疫途径（皮下、肌内、口服、滴鼻、胸腔、穴位等），每种疫苗年接种次数，疫苗接种顺序，间隔时间等。免疫程序一经制定应严格按要求执行，并随抗体检测结果，疫病发展变化，不断进行调整。免疫程序切忌照搬照抄、一成不变和盲目频频改动。

2．疫苗选择

（1）选用疫苗应有针对性　不能见病就用疫苗，既浪费人力、物力，又增加猪只免疫系统负担，造成免疫麻痹。一般来讲，免疫效果不佳或可通过药物保健进行防控的普通细菌性疾病，皆可不必用苗。免疫接种应将防控重点放在传播快、危害大、难控制的重大动物传染病上，如猪瘟、蓝耳病、伪狂犬、口蹄疫、圆环病、支原体肺炎等。

（2）灭活苗、弱毒苗的选择　灭活苗与弱毒苗各有优缺点。如果本场尚无发生该病，只受周边疫情威胁，一般应选择安全性好、不会散毒的灭活疫苗；否则应选择免疫力强，保护持久的弱毒疫苗。弱毒疫苗有强毒、弱毒之分，原则上应先用弱毒，后用强毒。

（3）毒（菌）株的血清型选择　有些传染性疾病的病原有多个血清型，如口蹄疫（有 7 个不同血清型和 60 多个亚型），猪链球菌（1~9 型为致病性血清型），副猪嗜血杆菌（有 15 个不同血清型）。各血清型之间的交叉免疫保护很低，如果使用疫苗毒（菌）株的血清型与引起疾病病原的血清型不同，则免疫效果不佳，可引起免疫失败。选择疫苗时，应选择当地流行的血清型，在无法确定流行病原血清型的情况时，应选用多价苗。

3．疫苗的采购、运输和保存

疫苗应在当地动物防疫部门指定的具有《兽药经营许可证》的兽药店购买，所购疫苗必须具备农业部核发的生物制品批准文号或《进口兽药注册证书》的兽药产品批准文号。选择性能稳定，价格适中，易操作，有一定知名度的厂家生产，不要一味追求新的、贵的、包装精美的及进口的疫苗。疫苗在整个流通环节中要完善冷链系统建设，冻干苗应在 –15℃条件下运输、保存，禁止反复冻融，灭活苗应在 2~8℃条件下运输、保存，防止冻结。同时，避免光照和剧烈震动，减少人为因素造成的疫苗失效和效价降低。

4．针头、注射器具的准备

针头的选择可参考表 3–1，按体重进行选择。也可以按下列方法选择：哺乳仔猪（0~25 日龄）使用 9 × 12（外径为 0.9 毫米、长度为 12 毫米）规格针头，保育猪（25~70 日龄）使用 12 × 25 针头，肥育猪（71 日龄至出栏）使用 12 × 38 针头，种猪免疫使用 16 × 38

针头，要求针孔无堵塞，针尖锋利无倒钩。注射器宜用 10~20 毫升规格，刻度要清晰、不滑杆、不漏液。洗净后高压煮沸消毒 20 分钟，晾干备用。

5.猪群健康状况检查

疫苗注入猪体后需经一系列的复杂反应，方能产生免疫应答。因此，接种前猪群的健康状态尤为重要，接种猪只必须健康、无疫病潜伏，对患病、体弱和营养不良猪只能日后补免。猪群在断奶、去势、运输、捕捉、采血、换料或天气突变等应激诱因下，不利于抗体产生，不宜实施免疫注射。接种疫苗前 10 天，饲料中不能添加任何抗菌药或抗病毒药物，可添加营养保健剂，黄芪多糖和电解多维，以增强猪只体质，减少应激，提高猪群的免疫应答能力。

6.小范围试用

中途更换厂家的疫苗及新增设的疫苗，应选择一定数量的猪只先小范围试用，观察 3~5 天，确定无严重不良反应后，方可进行大面积推广免疫接种。

（三）免疫接种操作

1.疫苗准备

统计接种猪只数量，取出对应疫苗量。详细阅读疫苗使用说明书，仔细检查疫苗名称、包装、批号、生产日期、有效期。严禁使用破损、瓶塞松动、油乳剂破乳、失真空、变质疫苗。

2.等温操作

为防止温差引起的疫苗效价降低和猪只不适，冷藏疫苗应在室温环境下放置一段时间，待恢复至常温后才能稀释（活疫苗）或直接注射（灭活疫苗）。当环境温度超过 20℃时，应将疫苗放入保温箱内，并放入冰块，保证疫苗操作期间的全程温度控制。

3.疫苗稀释

活疫苗应现用现稀释，一定要用厂家提供的专用稀释液等量稀释，在配制后 1 小时内为最佳注射时间，最长不能超过 3 小时；灭活苗开封后限当日使用，未用完疫苗应废弃。

技能训练

免疫程序的制订。

【目的要求】掌握猪常见传染病免疫程序的制订。

【训练条件】当地猪传染病调查资料或某猪场发病资料，猪场主要传染病抗体水平监测结果。

【操作方法】依据所掌握的材料，以及传染病和疫苗的特点，制订主要传染病的免疫程序。应注意的是，各种疫苗之间的互相干扰问题，在保证免疫效果的前提下，尽可能地减少免疫接种次数。

【考核标准】

1.本地疫情分析透彻。

2.能正确分析猪场抗体水平监测结果。

3.制订免疫程序时，考虑了疫苗间相互干扰的问题。

4.制订的免疫程序合理。

思考与练习

1.怎样进行带猪消毒？

2.猪场发生传染病时，要采取哪些紧急处置措施？

3.制订免疫程序时，应注意哪些问题？

参考文献

[1] （荷）杨浩森（hulsen, j.），著 . 马永喜，译 . 猪的信号 [M]. 北京：中国农业科学技术出版社，2016.

[2] 李长强，等 . 如何提高中小规模猪场养殖效益 [M]. 北京：化学工业出版社，2012.

[3] 林保忠，等 . 科学养猪全集 [M]. 成都：四川科学技术出版社，2000.

[4] 苏振环 . 现代养猪实用百科全书 [M]. 北京：中国农业出版社，2004.

[5] Close W H Cole D J A，著 . 王若军，译 . 母猪与公猪的营养 [M]. 北京：中国农业大学出版社，2003.